PLC 控制系统设计、编程与调试

（三菱）

主　编　蒋思中　刘东海　白　雪
副主编　黄月英　彭宇林　卢丹萍　方小菊　贾云芳

北京理工大学出版社
BEIJING INSTITUTE OF TECHNOLOGY PRESS

内 容 简 介

本教材基于工作过程导向的思路编写，将企业实际工程项目拆接转换成"简单电气控制系统设计、编程与调试""PLC 步进顺控系统设计、编程与调试""基于功能指令的 PLC 控制系统设计、编程与调试""过程控制系统编程、调试及运行"4 个由易到难的项目。每个项目设若干学习情境，并按照"用户需求——需求分析——相关资讯——计划与实施——检查与评估"为主线来组织教学内容，有助于提升学生解决实际工程项目的能力。

本教材适合作为高职高专相关课程的教材，也可以作为相关工程技术人员学习 PLC 编程技术的参考用书。

版权专有　侵权必究

图书在版编目（CIP）数据

PLC 控制系统设计、编程与调试：三菱／蒋思中，刘东海，白雪主编 . —北京：北京理工大学出版社，2018.6（2022.12 重印）

ISBN 978－7－5682－5833－3

Ⅰ.①P… Ⅱ.①蒋… ②刘… ③白… Ⅲ.①PLC 技术－教材 Ⅳ.①TB4

中国版本图书馆 CIP 数据核字（2018）第 138105 号

出版发行 /	北京理工大学出版社有限责任公司
社　　址 /	北京市海淀区中关村南大街 5 号
邮　　编 /	100081
电　　话 /	（010）68914775（总编室）
	（010）82562903（教材售后服务热线）
	（010）68944723（其他图书服务热线）
网　　址 /	http：//www.bitpress.com.cn
经　　销 /	全国各地新华书店
印　　刷 /	涿州市新华印刷有限公司
开　　本 /	787 毫米×1092 毫米　1/16
印　　张 /	13
字　　数 /	310 千字
版　　次 /	2018 年 6 月第 1 版　2022 年 12 月第 3 次印刷
定　　价 /	39.00 元

责任编辑／梁铜华
文案编辑／曾　仙
责任校对／周瑞红
责任印制／施胜娟

图书出现印装质量问题，请拨打售后服务热线，本社负责调换

前言

可编程序控制器（PLC）作为现代化的自动控制装置已经普遍应用于工业的各个领域，它的发展代表了电气工程技术的先进水平。掌握 PLC 的组成原理及编程方法、熟悉 PLC 的应用技巧，是每一位自动化技术专业的技术人员必须具备的基本能力之一。因此，"PLC 控制系统设计、编程与调试"被列为自动化类专业的重点建设课程。

在对广西南南铝加工有限公司、广西盛隆冶金有限公司、东莞兴利五金塑胶有限公司等多家位于广西及珠江三角洲的大中型企业广泛调研的基础上，我们总结认为，自动化类专业的学生应具备应用某些品牌型号（如三菱 FX_{2N} 系列或西门子 S7-200、300 系列）的 PLC 进行自动化控制系统设计、软件编程、地址分配、安装与调试的专业核心能力。

编者对企业的实际工程项目进行拆接、转换，归纳成为本教材的 4 个由易到难的项目：简单电气控制系统设计、编程与调试；PLC 步进顺控系统设计、编程与调试；基于功能指令的 PLC 控制系统设计、编程与调试；过程控制系统设计、编程与调试。为了提升学生解决实际工程项目的能力，本教材将每个项目分为若干学习情境，并以"用户需求——需求分析——相关资讯——计划与实施——检查与评估"为主线来组织各学习情境（情境 1.1 除外）的教学内容。

以情境 1.2 为例进行说明。该学习情境的内容设计依次是：用户需求——对三相电动机的全压启停控制系统进行改造；需求分析——控制原理及所需的相关输入设备、执行元件；相关资讯——PLC 输入/输出继电器、PLC 编程语言、三菱 FX 系列 PLC 基本指令等知识；计划与实施——分配 I/O 地址、绘制 PLC 接线图、编制 PLC 程序、接线并调试；检查与评估——通过项目评分来考查学生。

本教材由蒋思中、刘东海、白雪担任主编，由黄月英、彭宇林、卢丹萍、方小菊、贾云芳担任副主编。项目一由黄月英和卢丹萍编写；项目二由刘东海编写；项目三由蒋思中和白雪编写；项目四由彭宇林和方小菊编写。此外，李春波、贾云芳参与了项目一和项目四的编写，黄琪参与了项目二的编写。本教材由蒋思中负责项目编写和策划、统稿及初审工作，由覃贵礼主审。

本教材在编写过程中得到了李春波、宋蓬殷、庞敏、覃贵礼的大力支持和帮助，在此一并表示衷心感谢。

由于编者水平有限，书中难免有不足和疏漏，恳请广大读者批评指正。

编　者

目 录

项目一　简单电气控制系统设计、编程与调试 ……………………………………（ 1 ）
　情境 1.1　可编程序控制器概述 ………………………………………………（ 3 ）
　情境 1.2　三相电动机全压启停控制系统改造 ………………………………（26）
　情境 1.3　电动机正反转控制系统设计、编程与调试 ………………………（32）
　情境 1.4　电动机延时启动控制系统设计、编程与调试 ……………………（39）
　情境 1.5　车库门自动控制系统设计、编程与调试 …………………………（47）
　情境 1.6　仓库工件统计监控系统设计、编程与调试 ………………………（53）
　情境 1.7　抢答器控制系统设计、编程与调试 ………………………………（59）

项目二　PLC 步进顺控系统设计、编程与调试 ………………………………（67）
　情境 2.1　装配流水线控制系统设计、编程与调试（步进顺控编程法） …（69）
　情境 2.2　十字路口交通灯控制系统设计、编程与调试 ……………………（77）
　情境 2.3　邮件分拣控制系统设计、编程与调试 ……………………………（84）

项目三　基于功能指令的 PLC 控制系统设计、编程与调试 …………………（91）
　情境 3.1　LED 数码显示控制系统设计、编程与调试 ………………………（93）
　情境 3.2　装配流水线控制系统设计、编程与调试（功能指令编程法） …（101）
　情境 3.3　简易计算器系统设计、编程与调试 ………………………………（108）
　情境 3.4　四位数码管显示控制系统设计、编程与调试 ……………………（115）
　情境 3.5　生产线过程控制系统设计、编程与调试 …………………………（123）

项目四　过程控制系统设计、编程与调试 ……………………………………（131）
　情境 4.1　步进电动机控制系统设计、编程与调试 …………………………（133）
　情境 4.2　伺服电动机控制系统设计、编程与调试 …………………………（140）
　情境 4.3　温度 PID 控制系统设计、编程与调试 ……………………………（146）

附录

附录1　FX 系列 PLC 的编程软件及其应用 …………………………………………… (161)

附录2　FX 系列 PLC 指令集 …………………………………………………………… (169)

附录3　FX_{2N} 系列 PLC 功能指令一览表 ……………………………………………… (172)

附录4　FX_{2N} 系列 PLC 常用特殊功能元件表 ………………………………………… (175)

附录5　FX_{2N} 系列 PLC 错误代码一览表 ……………………………………………… (178)

附录6　PLC 的安装与接线 ……………………………………………………………… (182)

附录7　PLC 的日常维护与常见故障分析 ……………………………………………… (184)

附录8　PLC 模块的选择 ………………………………………………………………… (188)

附录9　IEC 61131-3 标准简介 ………………………………………………………… (190)

附录10　THPFSL-2 型网络型可编程序控制器综合实训装置使用说明书 ………… (194)

参考文献 …………………………………………………………………………………… (199)

项目一

简单电气控制系统设计、编程与调试

可编程序控制器（PLC）控制系统具有响应速度快、控制精度高、可靠性强、控制程序可随工艺改变等传统继电器—接触器控制系统无可比拟的优势，被越来越广泛地应用于工业控制系统中。本项目主要介绍可编程序控制器的基础知识、基本软元件，以及利用取/取反、与/与反、或/或反、置位/复位等基本逻辑指令进行简单电气控制系统设计、编程与调试。

情境1.1 可编程序控制器概述

一、学习目标

(1) 了解 PLC 的发展历史，掌握 PLC 的硬件系统组成及工作原理。

(2) 理解 PLC 的定义、功能、性能指标、控制特点以及 PLC 控制与继电器控制的区别和联系。

(3) 了解 PLC 在工业控制中的应用现状，以及从结构、I/O 点数等角度对 PLC 进行分类的方法。

(4) 掌握 PLC 的选型方法。

二、相关资讯

（一）引言

图 1-1 所示为常规的三相异步电动机启停控制电路的几种形式。

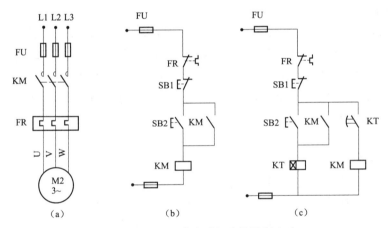

图 1-1 三相异步电动机启停控制电路

(a) 主电路；(b) 三相电动机全压启动；(c) 三相电动机延时启动

这类继电器控制电路的缺点有：

(1) 一旦控制要求改变，电器控制系统必须重新配线安装。

(2) 大型的继电器控制电路接线非常复杂，且体积庞大。

(3) 由于机械触点容易损坏，因而系统的可靠性较差，检修工作相当困难。

若用 PLC 对三相异步电动机进行直接启动和延时启动，工作将变得简单。

采用 PLC 控制电路，用户只需要将输入设备（如启动按钮 SB1、停止按钮 SB2、热继电器 FR）接到 PLC 的输入端口，将输出设备（如接触器线圈 KM）接到 PLC 的输出端口，再接上电源就可以了。图 1-2 所示为采用 PLC 实现三相异步电动机启停控制的接线图。

利用这两种方式启停电动机的硬件接线图完全相同。

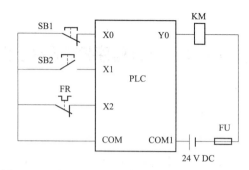

图1-2 采用PLC实现电动机启停控制的接线图

(二) PLC发展史

1. PLC的产生

PLC在早期是一种开关逻辑控制装置，被称为可编程序逻辑控制器（Programmable Logic Controller，PLC）。随着计算机技术和通信技术的发展，PLC采用微处理器作为其控制核心，它的功能已不再局限于逻辑控制的范畴。1980年，美国电气制造协会（NEMA）将其命名为Programmable Controller（PC）。为了避免与个人计算机（Personal Computer）的简称混淆，习惯上仍将其简称为PLC。

2. PLC的定义

1982年，国际电工委员会（IEC）在颁布的《可编程序控制器标准草案》中将PLC定义为：可编程序控制器是一种专为在工业环境下应用而设计的数字运算操作的电子系统。它采用一种可编程序的存储器，在其内部存储执行逻辑运算、顺序控制、定时、计数和算术运算等操作的指令，通过数字或模拟式的输入/输出来控制各种类型的机械设备或生产过程。可编程序控制器及其有关装置应按易于与工业系统连成一个整体和具有扩充功能的原则进行设计。

3. PLC的发展

20世纪60年代中期，美国通用汽车公司（GM）为适应生产工艺不断更新的需要，提出了一种设想——把计算机的功能完善、通用灵活等优点和继电器控制系统的简单易懂、操作方便、价格低廉等优点结合起来，并提出了新型电气控制的10项招标要求。

（1）编程简单，可在现场修改和调试程序。

（2）价格低廉，性价比高于继电器控制系统。

（3）可靠性高于继电器控制系统。

（4）体积小于继电器控制系统，能耗少。

（5）能与计算机系统数据通信。

（6）输入可以是115 V AC（美国电网电压是110 V）。

（7）输出可以在115 V 2 A AC以上，能直接驱动电磁阀等。

（8）具有灵活的扩展能力。

（9）硬件维护方便，采用插入式模块结构。

（10）用户程序存储器的容量至少在4 KB以上。

美国数字设备公司（DEC）根据这一招标要求，于1969年研制成功了第一台可编程序控制器 PDP-14，并在汽车自动装配线上试用成功。

这项新技术的使用在工业界产生了巨大的影响，从此可编程序控制器在世界各地迅速发展起来。1971 年，日本从美国引进这项新技术，并很快成功研制出日本第一台可编程序控制器。1973—1974 年，德国、法国也相继成功研制出各自的可编程序控制器。我国从 1974 年开始研制，在 1977 年成功研制出以 1 位微处理器 MC14500 为核心的可编程序控制器，并开始应用于工业生产控制。

从第一台 PLC 诞生至今，PLC 大致经历了四次更新换代。

第一代 PLC，多数使用 1 位微处理器开发，采用磁芯存储器，仅具有逻辑控制、定时、计数功能。

第二代 PLC，采用了 8 位微处理器及半导体存储器，产品逐步系列化，功能也有所增强，能实现数字运算、传送、比较等功能。

第三代 PLC，采用了高性能微处理器及位片式 CPU，数据处理速度大幅度提高，并具有较强的自诊断能力，开始向多功能和联网通信的方向发展。

第四代 PLC，不仅全面使用 16 位、32 位微处理器作为 CPU，内存容量也更大，可以直接用于一些规模较大的复杂控制系统；其编程语言除了可以使用传统的梯形图、流程图等，还可以使用高级语言。此外，第四代 PLC 的外设也更加多样化。

现在，PLC 已被广泛应用于工业控制的各领域，PLC 技术、机器人技术、CAD/CAM 技术共同构成了工业自动化的三大支柱。

4. PLC 的发展趋势

由于工业生产对自动控制系统需求的多样性，PLC 在今后有两个发展方向：一是朝着小型、简易、价格低廉的方向发展；二是朝着大型、高速、多功能的方向发展。

单片机技术的发展，促进了 PLC 向紧凑型发展，体积减小，价格降低，可靠性不断提高。这种小型的 PLC 可以广泛取代继电器控制系统，应用于单机控制和小型生产线的控制。这种 PLC 又称为单元式（整体式）PLC，如图 1-3 所示。

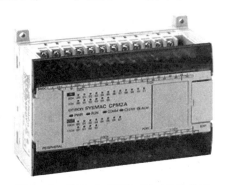

图 1-3 单元式（整体式）PLC 外形

大型模块式 PLC 一般为多微处理器系统，有较大的存储能力和功能强劲的输入/输出接口。通过丰富的智能外设接口，大型模块式 PLC 可以实现流量、温度、压力、位置等闭环控制；通过网络接口，大型模块式 PLC 可以级联不同类型的 PLC 和计算机，从而组成控制范围很大的局域网络，适用于大型的自动化控制系统。大型模块式 PLC 的外形如图 1-4 所示。

图1-4 大型模块式PLC外形

5. PLC的分类

PLC的种类有很多，在功能、内存容量、控制规模、外形等方面差异较大。因此，PLC的分类标准也不统一，但仍可以按其I/O点数、结构形式、实现功能进行大致的分类。

1）按I/O点数分类

I/O点数是指可编程序控制器外部的输入/输出端子的总数，这是可编程序控制器最重要的一项指标。PLC按I/O点数分类大致可分为：小型机（小于256点）、中型机（257~2 048点）、大型机（超过2 048点）。

2）按结构形式分类

PLC按结构形式可以分为整体式和分散式。整体式PLC具有结构紧凑、体积小、价格低等优点，但扩充灵活性较差。分散式PLC在硬件上具有较高的灵活性，其模块可以像拼积木一样进行组合，构成不同控制规模和功能的PLC。因此，分散式PLC又被称为积木式PLC。

6. 常见的PLC产品

目前，生产PLC的厂家较多，但配套生产大、中、小、微型PLC的厂家不多，较有影响并在中国市场占有较大份额的品牌如下：

1）国外品牌

（1）德国西门子公司的S5系列和S7系列产品。

S5可编程序控制器系列的S5-95U、S5-100U、S5-110A/S、S5-115U、S5-130/150U、S5-135/155U、S5-135U和S5-155U为大型机，控制点数可超过6 000点，模拟量可超过300路。不过，目前S5系列已经停产。S7系列的S7-200（小型）、S7-300（中型）及S7-400机（大型）性能比S5大为提高，也得到广泛应用。

（2）日本三菱公司的FX系列产品。

日本三菱公司的PLC在我国也得到广泛的应用，尤其是微、小型的FX系列产品，其子系列丰富，如FX_{1S}系列、FX_{1N}系列、FX_{2N}系列、FX_{1NC}系列和FX_{2NC}系列。三菱公司的较新产品有FX_{3U}系列、FX_{3UC}系列、Q系列、A系列和QnA系列，其中，Q系列、A系列和QnA系列为中、大型机。

此外，还有日本欧姆龙公司的紧凑机型CP1H系列、CPM1A系列和C系列，日本松下公司的小型机FP系列，美国AB公司的1760系列，美国GE公司的GE-Ⅱ系列等。

2）国内品牌

我国也有很多厂家和科研院所从事 PLC 的研制和开发，但规模都不大。例如，中科院自动化研究所的 PLC-0088，北京联想计算机集团公司的 GK-40，上海机床电器厂的 CKY-40，华光电子工业有限公司的 SR-10、SR-20/21 等。国产 PLC 在可靠性方面已经和国外 PLC 不相上下，且在价格方面有一定的优势，不过在性能方面与国外 PLC 相比还是有一定差距。

本教材主要以日本三菱公司的 FX 系列机型为例进行讲解。

7. PLC 的特点

作为一种新型的控制装置，PLC 与传统的继电器控制系统相比具有响应速度快、控制精度高、可靠性强、控制程序可随工艺改变、易与计算机连接、维修方便、体积和质量小、功耗低等诸多高品质与功能。

PLC 是在按钮开关、限位开关和其他传感器等发出的监控输入信号作用下进行工作的。输入信号作用于用户程序便产生输出信号，而这些输出信号可以直接控制外部的执行部件，如电动机、接触器、电磁阀、指示灯等。图 1-5 所示为 PLC 控制常用 I/O 器件。

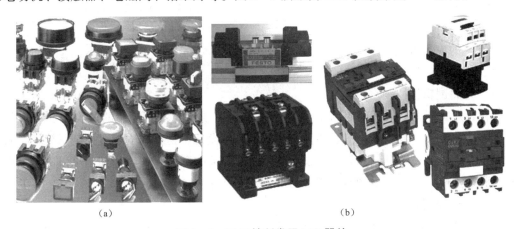

(a)　　　　　　　　　　　　(b)

图 1-5　PLC 控制常用 I/O 器件

(a) 按钮、开关外形；(b) 接触器、电磁阀外形

PLC 和计算机虽然都具有中央处理器、存储器、输入/输出设备，且都可以连接 CRT、打印机，都依靠软件运行，但在许多方面仍存在较大差异。表 1-1 所示为 PLC 与计算机的比较。

表 1-1　PLC 与计算机的比较

比较项目	PLC	计算机
工作目的	用于机械及过程自动化	科学计算、数据管理、工业控制
工作环境	工业现场	计算机房、办公室、实验室等
工作方式	循环扫描方式	中断处理方式
表现形态	编程器和执行主机共两套计算机	没有专门的编程器

续表

比较项目	PLC	计算机
输入设备	控制开关、传感器、触点状态编程器、通信接口、其他计算机等	键盘、磁带机、磁盘机、卡片机、通信接口等
输出设备	电磁开关、电动机、电磁阀、电磁继电器、报警显示器、灯、加热器等，也可以连接CRT、打印机	CRT、打印机、穿孔机、磁带机、磁盘机
特殊措施	抗干扰措施、各种动态检测、停电保护、监控功能、更换I/O模块不会影响主机工作、易维护的结构等	断电保护等一般措施
使用的软件	一般使用梯形图符号语言、操作系统等	汇编、BASIC、FORTRAN、PASCAL、C语言等通用语言
对操作人员的要求	一般不需要学习专门语言、操作系统等	软件工作者、计算机工作者或有一定计算机基础的工程技术人员

8. PLC 的应用概述

1）从应用类型分类

（1）开关逻辑量控制。

这种对开关逻辑量的开环控制是 PLC 最基本的控制功能，所控制的逻辑功能可以是各种各样的，主要针对传统工业，如各种自动加工机械设备、物料传输装置控制系统等。其特点是被控对象是开关逻辑量，只需完成接通、断开开关的动作。逻辑量控制可以由触点的串联和并联来实现，所以应用 PLC 来进行控制是十分方便的。

（2）过程控制。

工业控制系统的工作过程中，需要大量使用 PID 调节器，以便准确、可靠地完成各种工业控制要求的动作。现代大型 PLC 都配有 PID 子程序（制成软件，供用户调用）或 PID 智能模块，从而实现单回路、多回路的调节控制。例如，PID 调节控制应用于锅炉、冷冻、反应堆、水处理、酿酒等。

PLC 还应用于闭环的位置控制和速度控制，如连轧机的位置控制、自动电焊机控制等。

（3）机器人控制。

由 PLC 控制的 3~6 轴机器人可以自动实施各种机械动作。

（4）组成多级控制系统。

多级控制系统可以配合计算机等其他设备，实现工厂自动化网络。在这个系统中，多级控制系统充分利用 PLC 的通信接口和专用网络通信模块，使各自动化设备之间实现快速通信。

2）从应用领域分类

现在，PLC 已经不仅被应用于工厂，而且被广泛应用到产业界的各个领域，如机械、食品、造纸、运输、水处理、高层建筑、公共设施、农业和娱乐业等。图1-6列出了PLC的典型应用领域。

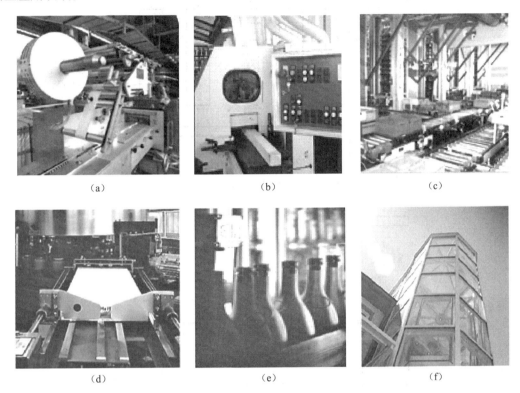

图1-6 PLC的典型应用领域
(a) 传送带生产线控制；(b) 木材加工；(c) 印刷机械；
(d) 纺织机械；(e) 灌装及包装机械；(f) 电梯控制

9. PLC结构与组成

整体式PLC是将中央处理单元（CPU）、存储器、输入单元、输出单元、电源、通信接口等组成一体，构成主机。另外，还有独立的I/O扩展单元与主机配合使用。在主机中，CPU是PLC的核心，I/O扩展单元是连接CPU与现场设备之间的接口电路，通信接口用于PLC与编程器和上位机等外部设备的连接。

分散式PLC是将CPU、输入单元、输出单元、智能I/O单元、通信单元等分别做成相应的模块，再将各模块插在底板上，模块之间通过底板上的总线相互联系。装有CPU单元的底板称为CPU底板，其他底板称为扩展底板。CPU底板与扩展底板之间通过电缆连接，距离一般不超过10 m。

图1-7所示为PLC结构示意，图1-8所示为PLC逻辑结构示意，图1-9所示为分散式PLC逻辑结构示意。

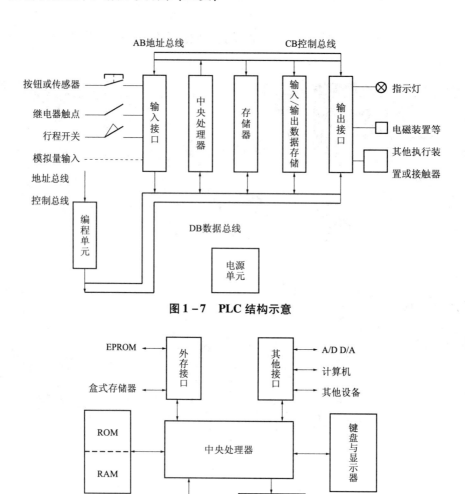

图1-7 PLC结构示意

图1-8 PLC逻辑结构示意

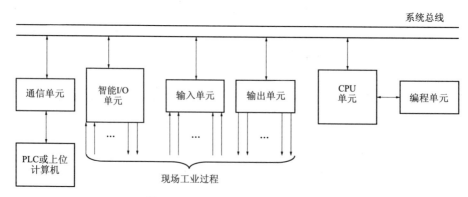

图1-9 分散式PLC逻辑结构示意

10. PLC 各部件的作用

1）中央处理器（CPU）

CPU 是 PLC 的核心部件，它控制着所有部件的操作。CPU 通过地址总线、数据总线和控制总线与存储单元、输入/输出（I/O）接口电路连接。CPU 按扫描方式工作，从 0 地址存放的第一条用户程序开始，经过存储器中各功能程序，到用户程序的最后一个地址，不停地周期性扫描，每扫描一遍，用户程序就被执行一次。

CPU 主要完成以下功能：

（1）从存储器中读取指令。

CPU 先从地址总线发出地址信息，再从控制总线发出"读"命令，然后从数据总线得到读出的指令，并将指令放到 CPU 内的指令寄存器中。

（2）执行指令。

CPU 对存放在指令寄存器中的指令进行译码，执行指令规定的操作。例如，读取输入信号、读取操作数、进行逻辑运算和算术运算、将结果输出等。

（3）准备下一条指令。

CPU 在执行完一条指令后，根据条件产生下一条指令的地址，以便取出和执行下一条指令。

（4）处理中断。

CPU 除顺序执行程序外，还能接收中断请求并进行中断处理，在将中断处理完成后，再返回原址，继续顺序执行。

2）存储器

存储器用来存放系统程序、用户程序、逻辑变量和一些其他信息。

PLC 使用的存储器有两类：只读存储器（ROM）和随机存取存储器（RAM）。在 ROM 中存放的内容一般包括检查程序、键盘输入处理程序、翻译程序、信息传递程序、监控程序等。在 RAM 中存放的内容包括用户程序、逻辑变量等，RAM 采用锂电池作为后备电源。

系统程序是指控制和完成 PLC 内部各种功能的程序，这些程序由 PLC 制造厂家用微机指令编写并固化在 ROM 中。用户程序是指使用者根据工程现场的生产过程和工艺要求编写的控制程序。用户程序由使用者输入到 PLC 的 RAM 中，允许修改，由用户启动运行。

虽然大、中、小型 PLC 的 CPU 的最大可寻址存储空间各不相同，但是根据 PLC 的工作原理，其存储空间一般包括 3 个区域：系统程序存储区、系统 RAM 存储区（包括 I/O 映象区和系统软设备等）和用户程序存储区。

3）输入/输出模块（I/O 模块）

I/O 模块是 PLC 与现场 I/O 设备或其他外部设备之间的连接部件。PLC 通过输入模块把工业现场的状态信息读入，通过用户程序的运算与操作，把结果通过输出模块输出给执行机构。

输入模块用于处理输入信号，对输入信号进行滤波、隔离、电平转换等操作，再把输入信号的逻辑值准确可靠地传入 PLC 内部。开关量输入单元按照输入端的电源类型不同，分为直流开关量输入单元和交流开关量输入单元。

在直流开关量输入单元（图 1-10）中，电阻 R_1 与 R_2 构成分压器，电阻 R_2 与电容 C

组成阻容滤波。二极管用于防止反极性电压输入，发光二极管（LED）指示输入状态。光耦合器隔离输入电路与 PLC 内部电路的电气连接，并使外部信号通过光耦合器变成内部电路接收的标准信号。当外部开关闭合后，外部直流电压经过电阻分压和阻容滤波后加载到光耦合器的发光二极管上，经光耦合，光敏晶体管接收到光信号，并输出一个内部电路的接通信号，输出端的发光二极管（LED）点亮，指示现场开关闭合。

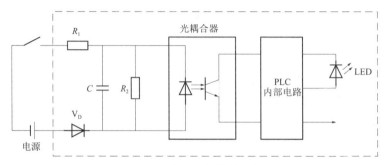

图 1-10 直流开关量输入单元

在交流开关量输入单元（图 1-11）中，电阻 R_2 与 R_3 构成分压器。电阻 R_1 为限流电阻，电容 C 为滤波电容。双向光耦合器起整流和隔离双重作用，双向发光二极管用于状态指示。交流开关量输入单元和直流开关量输入单元的工作原理基本相同，仅在正反向时导通的双向光耦合器不同。

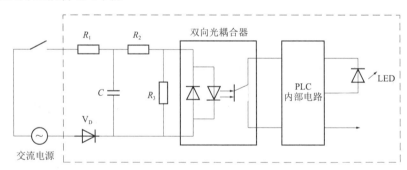

图 1-11 交流开关量输入单元

输出模块用于把用户程序的逻辑运算结果输出到 PLC 的外部设备，输出模块具有隔离 PLC 内部电路和外部执行元件的作用，同时兼有功率放大的作用。输出模块常用的类型有晶体管输出型（T 型）、双向晶闸管输出型（S 型）和继电器输出型（R 型）。其接口电路如图 1-12~图 1-14 所示。

【注意】

晶体管输出型模块只能带直流负载；双向晶闸管输出型模块只能带交流负载；继电器输出型模块可以带交/直流负载，但不能用于高频输出。

4）电源模块

PLC 一般配有开关式稳压电源，电源的交流输入端接有尖峰脉冲吸收电路，以提高 PLC 抗干扰能力。小型 PLC 的交流输入电压范围一般较宽，有的小型 PLC 可在 100~240 V AC 正常工作。

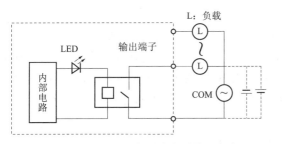

图1-12 PLC 继电器输出型接口电路　　图1-13 PLC 双向晶闸管输出型接口电路

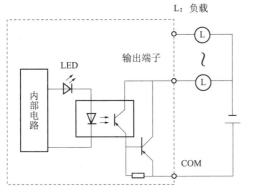
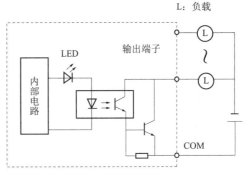

图1-14 PLC 晶体管输出型接口电路

也有 PLC 采用直流电源，通常为 24 V。移动装置上的 PLC 多使用这种电源。

5）其他接口及外设

其他接口包括外存储器接口、A/D 转换、D/A 转换、远程通信接口、与计算机相连的接口、与显示器相连的接口等。

其他外设包括编程器、键盘、显示器等。

6）PLC 的主要技术参数

PLC 的技术参数很多，作为使用 PLC 的用户，对 PLC 的主要技术参数应该了解清楚。

（1）输入/输出点数。

PLC 的输入点数与输出点数之和。

（2）扫描速度。

PLC 一般以执行 1 000 步指令所需时间来衡量，单位为 ms/千步；有的 PLC 以执行一步指令的时间来衡量，如 μs/步。

（3）指令种类。

指令种类是衡量 PLC 软件功能强弱的主要指标。PLC 具有的指令种类越多，说明其软件功能越强。

（4）内存容量。

内存容量是指 PLC 内用户程序的存储器有效容量。在 PLC 中，程序指令是按"步"存放的（一条指令往往不止一步），一步占用一个地址单元，一个地址单元一般占用两个字节。一个内存容量为 1 000 步的 PLC 内存为 2k 字节。

（5）高功能模块。

PLC 除了配置主机模块，还可以配接各种高功能模块。主机模块实现基本控制功能，高功能模块则可实现某一种特殊的专门功能。衡量 PLC 产品水平高低的重要指标是其高功能模块的多少、功能的强弱。常见的高功能模块主要有 A/D 模块、D/A 模块、高速计数模块、速度控制模块、温度控制模块、位置控制模块、轴定位模块、远程通信模块、高级语言编辑以及各种物理量转换模块等。

高功能模块使 PLC 不仅能进行开关量控制，而且能进行模拟量控制、精确的定位和速度控制，还可以和计算机进行通信，并能直接用高级语言进行编辑。高功能模块给用户提供了强有力的工具。

11. PLC 的工作原理

1）PLC 控制实例

下面通过一个简单的实例来认识 PLC 控制的原理。

图 1-15 所示为一个简单的继电器控制电路，KT 是时间继电器，KM1、KM2 是两个接触器，分别控制电动机 M1、M2 的运转，SB1 为启动按钮，SB2 为停止按钮。

其控制功能为：

按下 SB1，M1 开始运转，10 s 后，M2 开始运转；按下 SB2，M1、M2 同时停止运转。

其继电器控制原理如下：

在控制线路中，当按下 SB1 时，KM1、KT 的线圈同时通电，KM1 的常开触点闭合并自锁，M1 开始运转，KT 的线圈通电后开始延时，10 s 后，KT 的延时闭合常开触点闭合，KM2 的线圈通电，M2 开始运转；当按下 SB2 时，KM1、KT 的线圈同时断电，KM2 的线圈也断电，M1、M2 随之停转。

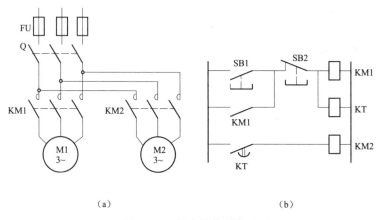

图 1-15 继电器控制电路
(a) 电动机主电路；(b) 控制电路

现在用 PLC 来实现上述控制功能，图 1-16 所示为 PLC 控制接线图，PLC 选用的是三菱 FX_{2N} 系列，X000、X001 为输入端子，Y000、Y001 为输出端子。启动按钮 SB1、停止按钮 SB2 接到输入端子，输入公共端子 COM 上接 24 V DC（PLC 自带）的输入驱动电源；接触器 KM1、KM2 的线圈接到输出端子，输出公共端子 COM 接 220 V AC 的负载驱动电源。

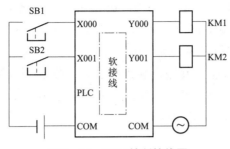

图 1-16 PLC 控制接线图

PLC 是如何进行控制的呢？下面我们来看图 1-17 所示的 PLC 控制等效电路。该等效电路由三部分组成：

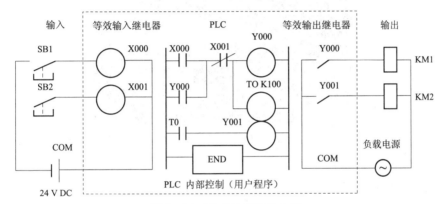

图 1-17 PLC 控制等效电路

（1）输入部分。

输入部分用于接收操作指令（由启动按钮、停止按钮等提供），或接收被控对象的各种状态信息（由行程开关、接近开关等提供）。PLC 的每一个输入点都对应一个内部输入继电器，当输入点与输入 COM 端接通时，输入继电器的线圈通电，它的常开触点闭合、常闭触点断开；当输入点与输入 COM 端断开时，输入继电器的线圈断电，它的常开触点断开、常闭触点接通。

（2）控制部分。

控制部分是指用户编制的控制程序，通常用梯形图表示，如图 1-17 所示。控制程序被放在 PLC 的用户程序存储器中。在系统运行时，PLC 依次读取用户程序存储器中的程序语句，对这些程序语句进行解释并执行，如果有需要输出的结果，则将结果送到 PLC 的输出端子，以控制外部负载的工作。

（3）输出部分。

输出部分根据程序执行的结果直接驱动负载。在 PLC 内部有多个输出继电器，每个输出继电器对应输出端的一个硬触点，当程序执行的结果使输出继电器的线圈通电时，对应的硬输出触点闭合，控制外部负载的动作。例如，图 1-17 的输出继电器 Y000、Y001 的硬输出触点分别连接接触器 KM1、KM2 的线圈，控制两个线圈通电或断电。

结合图 1-18 所示的 PLC 控制实验，图 1-17 中 PLC 的控制原理为：当按下 SB1 时，输入继电器 X000 的线圈通电，X000 的常开触点闭合，使输出继电器 Y000 的线圈得电，对应的硬输出触点闭合，KM1 得电，M1 开始运转，同时 Y000 的一个常开触点闭合并自锁，时间继电器 T0 的线圈得电并开始延时，10 s 后，T0 的常开触点闭合，输出继电器 Y001 的线圈得电，Y001 对应的硬输出触点闭合，KM2 得电，M2 开始运转；当按下 SB2 时，输入继电器 X001 的线圈通电，X001 的常闭触点断开，Y000、T0 的线圈均断电，Y001 的线圈也断电，Y000、Y001 对应的硬输出触点随之断开，KM1、KM2 断电，M1、M2 停转。

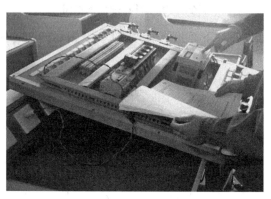

图 1-18　PLC 控制实验

2）PLC 的扫描工作原理

（1）PLC 的扫描工作方式。

PLC 在运行时，需要进行大量的操作，这迫使 PLC 中的 CPU 只能根据分时操作原理，按一定顺序，一个时刻执行一个操作。这种分时操作的方式，称为 CPU 的循环扫描工作方式。PLC 在运行时，在经过初始化后，即进入扫描工作方式，且周而复始地重复进行。

PLC 循环扫描工作方式可用图 1-19 所示的流程表示。

从图 1-19 可以看出，PLC 在初始化后，进入循环扫描。PLC 一次扫描的过程，包括内部处理、通信服务、输入采样、程序处理、输出刷新共 5 个阶段，其所需的时间称为扫描周期。显然，PLC 的扫描周期应与用户程序的长短和该 PLC 的扫描速度紧密相关。

PLC 在进入循环扫描前的初始化，主要是将所有内部继电器复位、输入/输出暂存器清零、定时器预置、识别扩展单元等，以保证它们在进入循环扫描后能完全正确无误地工作。

进入循环扫描后，在内部处理阶段，PLC 自行诊断内部硬件是否正常，并把 CPU 内部设置的监视定时器自动复位等。PLC 在自行诊断时，一旦发现故障，将立即停止扫描，显示故障情况。

图 1-19　PLC 循环扫描流程

在通信服务阶段，PLC 与上、下位机通信，与其他带微处理器的智能装置通信，接受并根据优先级别来处理它们的中断请求，响应编程器键入的命令，更新编程器显示的内容等。

当 PLC 处于停止（STOP）状态时，PLC 只循环完成内部处理和通信服务两个阶段的工作。当 PLC 处于运行（RUN）状态时，则循环完成内部处理、通信服务、输入采样、程序处理、输出刷新共 5 个阶段的工作。

循环扫描的工作方式，既简单、直观，又便于用户程序的设计，且为 PLC 的可靠运行提供了保障。在这种工作方式下，PLC 一旦扫描到用户程序的某一指令，经处理后，其处理结果可以立即被用户程序中后续扫描到的指令所应用，而且 PLC 可通过 CPU 内部设置的监视定时器（WDT）来监视每次扫描是否超过规定的时间，以便有效地避免因 CPU 内部故障导致程序进入死循环的情况。

（2）PLC 的用户程序执行过程。

可编程序控制器执行某一用户程序的工作过程如图 1-20 所示，它分为 3 个阶段：输入采样阶段、程序执行阶段和输出刷新阶段。

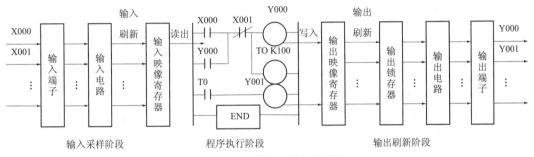

图 1-20　用户程序的工作过程

①输入采样阶段。CPU 将全部现场输入信号（如按钮开关、限位开关、速度继电器等）的状态（通/断）经 PLC 的输入端子，输入映像寄存器，这一过程称为输入采样或扫描阶段。进入下一阶段（即程序执行阶段）时，输入信号如果发生变化，输入映像寄存器将不予理睬，只有等到下一扫描周期输入采样阶段时，输入印象寄存器的内容才被更新。这种输入工作方式称为集中输入方式。

②程序执行阶段。CPU 从 0 地址的第一条指令开始，依次逐条执行各指令，直到执行到最后一条指令。PLC 执行指令程序时，要读出输入映像寄存器的状态（ON 或 OFF，即 1 或 0）和其他编程元件的状态，除输入继电器外，一些编程元件的状态随着指令的执行不断更新。CPU 按程序给定的要求进行逻辑运算和算术运算，运算结果存入相应的元件映像寄存器，把将要向外输出的信号存入输出映像寄存器，并由输出锁存器保存。程序执行阶段的特点是依次顺序执行指令。

③输出刷新阶段。CPU 将输出映像寄存器的状态经输出锁存器和 PLC 的输出端子，传送到外部去驱动接触器、电磁阀和指示灯等负载，输出锁存器的内容要等到下一个扫描周期的输出阶段到来才会被刷新。这种输出工作方式称为集中输出方式。

(3) PLC 的工作过程。

下面再以图 1-16 和图 1-17 中的电动机控制为例，说明 PLC 的工作过程。

①输入采样阶段。CPU 将 SB1 和 SB2 的状态经输入端子 X000、X001 读入对应的输入映像寄存器。

②程序执行阶段。CPU 按表 1-2 所示的指令表，逐条执行指令。执行 0 地址指令，将 X000 对应的输入映像寄存器的数（1 或 0）取出，存入结果寄存器，执行 1 地址的第 2 条指令，将 Y000 对应的输出映像寄存器的内容与运算结果寄存器中的内容相"或"，运算结果存入结果寄存器。执行 2 地址指令，将 X000 对应的输入映像寄存器的内容取出求反且与结果寄存器的内容相"与"，运算结果存入结果寄存器。执行 3 地址指令，将结果寄存器的内容传送给输出映像寄存器。

表 1-2 指令表

步序	指令		
0	LD	X000	
1	OR	Y000	
2	ANI	X001	
3	OUT	Y000	
4	OUT	T0	K100
5	LD	T0	
6	OUT	Y001	
7	END		

③输出处理阶段。将输出映像寄存器的内容传送给输出锁存器，经输出端子去驱动外负载。若输出锁存器的内容为 1，则输出继电器的状态为 ON，接触器得电。反之，若输出锁存器的内容为 0，则输出继电器的状态为 OFF，接触器失电。

由以上分析可知，PLC 采用串行工作方式，由彼此串行的 3 个阶段构成一个扫描周期，输入处理和输出处理阶段采用集中扫描工作方式。只要 PLC 处于运行（RUN）状态，在完成一个扫描周期工作后，PLC 将自动转入下一个扫描周期，反复循环地工作，这与继电器控制系统是大不相同的。

12. PLC 的编程语言种类

PLC 的编程语言，根据生产厂家不同和机型不同而各有区别。由于目前还没有统一的通用语言，所以在使用不同厂家的可编程序控制器时，同一种编程语言（如梯形图编程语言或指令语句编程语言）也有所不同（IEC 61131 标准正在改变这种局面）。为了表达电气控制的逻辑关系，我们大致可将这些编程语言分成 4 种：梯形图编程语言、指令语句编程语言、功能块图编辑语言、高级语言。

1) 梯形图编程语言

梯形图编程语言（简称梯形图）是在继电器—接触器控制系统电路图的基础上简化了

符号演变而来的，沿袭了传统的电气控制电路图。在简化的同时，梯形图还加进了许多功能强大而且使用灵活的指令，将微机的特点结合进去，使编程更容易，而实现的功能却大大超过了传统电气控制电路图。梯形图是目前应用得最广泛的一种 PLC 编程语言。

图 1-21 所示为用梯形图编写的 PLC 程序。在梯形图中，左、右母线的意义类似继电器—接触器控制图中的电源线，输出线圈类似负载，输入触点类似按钮。梯形图由若干梯级组成，自上而下排列，每个梯级起于左母线，经过触点-线圈，止于右母线。

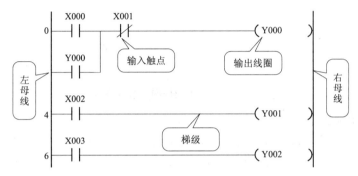

图 1-21 梯形图程序

不同 PLC 的梯形图绘制规则具有以下几点共性：

（1）梯形图中只有动合和动断两种触点。动合触点和动断触点的图形符号基本相同，但它们的文字符号不相同，且随不同产品、不同位置（输入或输出）而不同。同一标记的触点可以反复使用，次数不限，这与继电器—接触器控制系统中同一触点只能使用一次不同。

（2）梯形图中输出继电器（输出变量）的表示方法与继电器—接触器控制系统的表示方法不相同（有圆圈、括弧和椭圆等），而且其文字代号也不相同。不过，无论哪种产品，同一个编号的输出继电器在程序中只能使用一次。

（3）梯形图的最左边是起始母线，每一逻辑行必须从起始母线开始画。有些类型的产品在梯形图的最右边还有结束母线，有的则可以省略不画。

（4）梯形图必须按从左到右、从上到下的顺序书写，PLC 就是按照这个顺序执行程序的。

（5）梯形图中的触点可以任意串联或并联。

（6）梯形图中输出继电器可以并联，但不能串联。

（7）梯形图在程序结束时，一般应有结束符，通常用"END"或"ED"表示。

2）指令语句编程语言

梯形图的优点是直观、简便，但只有带 CRT 屏幕显示屏的图形编程器才能输入图形符号（现在普遍采用在计算机中安装软件来实现）。小型机一般无法满足，而是采用经济便携的编程器（指令编程器）将程序输入 PLC 中。这种编程方法使用指令语句（助记符语言），它类似计算机中的汇编语言。

步序号是各语句在程序步中所占的第一步的序号。与图 1-21 梯形图相对应的 PLC 指令表程序如图 1-22 所示。

步序号	指令助记符	操作元件号
0	LD	X000
1	OR	Y000
2	ANI	X001
3	OUT	Y000
4	LD	X002
5	OUT	Y001
6	LD	X003
7	OUT	Y002
8	END	

图 1-22　与图 1-21 梯形图对应的指令表程序

3）功能块图编程语言

功能块图编程语言实际上是以逻辑功能符号组成功能块表达命令的图形语言。与数字电路中的逻辑图一样，功能块图编程语言极易表现条件与结果之间的逻辑功能。这种编程方法是根据信息流将各种功能块加以组合，是一种逐步发展起来的新式编程语言，正在受到各PLC 厂家的重视。

4）高级语言

大型 PLC 的点数多，控制对象复杂，所以可以像微机那样采用结构化编程，使用 BASIC 语言、C 语言、PASCAL 语言等高级语言编程。这种编程方式不仅能完成逻辑控制功能、数值计算、数据处理、PID 调节，还能很方便地与计算机通信联网，从而形成由计算机控制的 PLC 系统。

无论采用哪种编程语言，PLC 均是从输入接口接收来自按钮、开关、继电器触点、行程开关或位置传感器、模拟量输入等装置的输入信息，通过输出接口将输出信号送达指示灯、电磁装置、接触器或其他执行装置。

在输入信号中，按钮和开关信号传递着操作者的运行指令。例如，当操作者按下启动按钮，即命令设备开始加工运行或物料传送装置开始输送物料；当操作者按下某一手动按钮，即命令设备发出某一特定动作（通常发生在设备调试阶段）。启动按钮和手动按钮通常不允许同时有效，在实际操作中，哪种按钮有效取决于工作方式开关的状态。输入触点的开闭状态往往传递着对应动作是否发出或结束，行程开关或位置传感器的信号传递着设备的运行部件是否到达某一位置的信息，模拟量输入的信号则是设备或装置中某种物理量（温度、流量、压力等）的测量信息。

输出信号中的指示灯显示设备的状况。例如，某一动作是否发生，某电动机是否启动，是否有指定故障，等等。当电磁装置（如电磁阀）、接触器或其他执行装置获得由输出接口送出的输出信号时，设备上相应的电动机会启动运行，液压或气动电磁阀会动作。

一台设备的实际工作过程正是在输入信号的指挥下，通过 PLC 用户程序的逻辑运算，有序地送出输出信息，驱使各执行部件发出相应的动作来完成机械零件的加工或其他工艺过程。

13. FX 系列 PLC 型号

FX 系列 PLC 型号命名的基本格式为：

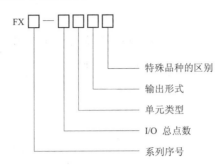

系列序号：0、0S、0N、1、2、2C、1S、1N、2N、2NC。

I/O 总点数：14～256。

单元类型：M——基本单元；E——输入/输出混合扩展模块；EX——输入专用扩展模块；EY——输出专用扩展模块。

输出形式：R——继电器输出；T——晶体管输出；S——晶闸管输出。

特殊品种区别：D——DC 电源，DC 输入；AI—AC 电源，AC 输入；H——大电流输出扩展模块（1A/1 点）；V——立式端子排的扩展模块；C——接插口输入/输出方式；F——输入滤波器 1 ms 的扩展模块；L——TTL 输入型扩展模块；S——独立端子（无公共端）扩展模块。

14. FX 系列 PLC 编程元件

1）FX 系列 PLC 编程元件概述

PLC 内部有许多被称为继电器（输入继电器、辅助继电器、输出继电器）、定时器、计数器和数据寄存器的编程元件，它们不是物理意义上的实物继电器，而是由电子电路和存储器组成的虚拟器件，其图形符号和文字符号与传统继电器的符号也不同，所以它们又被称为软元件或软继电器。每个编程元件都有无数对常开常闭触点，用这些编程元件的线圈和触点可以构成与继电器—接触器控制类似的控制电路（梯形图）。不同厂家、不同型号的 PLC，编程元件的数量和种类有所不同。三菱系列 PLC 的图形符号和文字符号有图 1 - 23 所示的几种表示方式。

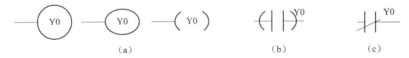

图 1 - 23 三菱 PLC 的线圈符号和文字符号

(a) 几种形式的线圈符号；(b) 常开触点；(c) 常闭触点

FX 系列 PLC 编程元件的性能指标如表 1 - 3 所示。

表 1 - 3 FX 系列 PLC 编程元件性能指标

项目	性能指标
编程方式	梯形图，步进顺控指令
基本指令执行时间	0.74 μs/步

续表

项目		性能指标
程序容量/存储器类型		2k 步 RAM（标准配置）
		4k 步 EEPROM 卡盒（选配）
		8k 步 RAM、EEPROM、EPROM 卡盒（选配）
输入继电器（DC 输入）		24 V DC、7 mA 光电隔离
输出继电器	继电器	250 V AC、30 V DC、2 A（电阻负载）
	晶体管	30 V DC、0.5 A/点
	双向晶闸管	242 V AC、0.3 A/点
辅助继电器	通用型	500 点（M0～M499）
	停电保持型	524 点（M500～M1023），电池后备
	特殊型	256 点（M8000～M8255）
状态元件	初始化用	10 点（S0～S9），用于初始状态
	通用型	490 点（S10～S499）
	停电保持型	400 点（S500～S899）
	报警	100 点（S900～S999）
定时器	0.1 s（100 ms）	200 点（T0～T199），0.1～3 276.7 s
	0.01 s（10 ms）	46 点（T200～T245），0.01～327.67 s
	1 ms（积算）	4 点（T246～T249），0.001～32.767 s，电池后备
	100 ms（积算）	6 点（T250～T255），0.1～3 276.7 s，电池后备
计数器	16 bit 通用加数器	100 点（C0～C99），1～32 767 s，电池后备
	16 bit 停电保持加计数器	100 点（C100～C199），1～32 767 s，电池后备
	32 bit 通用加减计数器	20 点（C200～C219）
	32 bit 停电保持加减计数器	15 点（C220～C234），电池后备
	高速计数器	21 点（C235～C255），电池后备
寄存器	通用数据寄存器	200 点（D0～D199）
	停电保持数据寄存器	312 点（D200～D511）
	特殊寄存器	256 点（D8000～D8255）
	变址寄存器	2 点（V，Z）
	文件寄存器	最大 2 000 点（D1000～D2999），电池后备
指针	嵌套标志	N0～N7（8 点）
	JUMP/CALL	64 点（P0～P63）

编程元件与继电接触器元件的相同点：它们都具有线圈和常开、常闭触点，触点的状态

随着线圈的状态而变化,即当线圈被选中(通电)时,常开触点闭合,常闭触点断开;当线圈失去选中条件时,常闭触点接通,常开触点断开。

编程元件与继电接触器元件的不同点:编程元件被选中只是代表这个元件的存储单元置1,编程元件失去选中条件只是这个元件的存储单元置0;编程元件可以无限次地被访问,PLC的编程元件可以有无数个常开触点、常闭触点。

(1) 输入继电器X、输出继电器Y。

输入继电器是PLC专门用来接收外界输入信号的内部虚拟继电器。它在PLC内部与输入端子相连,有无数对常开触点和常闭触点,可在PLC编程时随意使用。输入继电器不能用程序驱动,只能由输入信号驱动。

PLC通过输入端子从外部接收信号,与输入端子连接的输入继电器X是电子继电器。若外部输入接通,继电器动作,则对应输入点的指示发光二极管点亮。

输出继电器是PLC专门用来将程序执行的结果信号经输出接口电路及输出端子送达并控制外部负载的虚拟继电器。它在PLC内部直接与输出接口电路相连,有无数对常开触点与常闭触点,可以在PLC编程时随意使用。输出继电器只能由程序驱动。

PLC通过输出端子驱动外部负载,输出继电器Y的输出触点接到PLC的输出端子上,若输出继电器动作,其输出触点闭合,对应输出点的指示发光二极管点亮。

三菱FX系列PLC采用固定寻址方式。其基本单元的每一个输入/输出都用"X×××"或"Y×××"表示。FX系列PLC的I/O可用点数共有256点,其中输入继电器和输出继电器的可用点数分别为128点,输入继电器的编号为X000~X177,输出继电器的编号为Y000~Y177,且均用八进制数表示。

FX_{2N}系列PLC带扩展时,输入继电器和输出继电器的可用点数分别为184点。输入继电器的编号为X0~X267,X0即X000;输出继电器的编号为Y0~Y267,Y0即Y000。

(2) 状态软元件S。

S是步进顺序指令专用编程元件(在不采用步进顺控指令时,也可以当作普通型的辅助继电器使用)。状态编程元件分以下三种类型,其地址号按十进制数分配。

① 普通型:S0~S499,共500点。

② 断电保持型:S500~S899,共400点。

③ 信号报警用编程元件:S900~S999,共100点。

(3) 定时器T。

定时器相当于时间继电器,由设定值寄存器(字)、当前值寄存器(字)和定时器触点(位)组成。

PLC内部的时钟脉冲有1 ms、10 ms、100 ms,定时器有0.1 s、0.01 s、0.001 s 3种类型,其地址号按十进制数分配。

① 0.1 s型:T0~T199,共200点,定时范围为0.1~3 276.7 s。

② 0.01 s型:T200~T245,共46点,定时范围为0.01~327.67 s。

③ 0.001 s积算型(断电保持):T246~T249,共4点。

④ 0.1 s积算型(断电保持):T250~T255,共6点。

（4）计数器 C。

计数器由设定值寄存器（字）、当前值寄存器（字）和计数器触点（位）组成。根据计数器的特点，计数器分为以下类型，其地址号按十进制数分配。

① 普通型：C0~C99，计数范围为 1~32 767，共 100 点。

② 断电保持型：C100~C199，计数范围为 1~32 767，共 100 点。

此外，FX2 还有计数范围为 -2 147 483 648~2 147 483 647 的可逆计数器和高速计数器。

在使用计数器时，应注意两点：一是计数器的复位；二是当计数信号的动作频率较高时（通常为几赫兹），应采用 FX2 的高速计数器或高速计数模块。

2）FX 编程元件说明

（1）编程元件的触点在 PLC 内可以随意使用，次数不限。输入元件 X 不能作为线圈用程序驱动，只能由外部信号驱动。只能用输出元件 Y 驱动外部负载，其他元件不能驱动外部负载。

（2）由于 PLC 采用扫描工作方式，输入/输出每个扫描周期刷新一次。这样输出元件的外部触点与内部触点的动作有所不同，因为输出继电器的内部触点的动作由输出映像寄存器决定，外部触点的状态是由输出锁存器决定。输出映像寄存器的内容随程序的每步执行随时变化，是实时的，而输出锁存器的内容是在一个扫描周期执行完毕后，才能将输出映像寄存器的内容传递给它。所以，PLC 外部输出触点的动作与内部触点的动作是不同步的，外部输出触点的动作存在延迟现象，有时甚至遗漏而不能正常动作（理论上能动作，但实际上不动作）。因此，在某些对动作时序有特殊要求的场合，在编制程序时要特别留意程序的先后顺序。

（3）除输入元件 X 和输出元件 Y 按八进制编址外，其他编程元件一律按十进制编址。

（4）PLC 在运行中发生断电，输入/输出继电器、通用辅助继电器全部为 OFF 状态。若需要保持断电前的状态（来电时重现该状态），可以使用断电保持编程元件（如断电保持辅助继电器 M、定时器 T、计数器 C、状态元件 S 和数据寄存器 D 等），可以根据需要进行选择。

（5）PLC 内部有 256 个特殊功能辅助继电器，这些继电器可分为两大类。一类是只能利用其触点的。例如，M8000：PLC RUN 监控；M8002：初始化脉冲等。这些继电器均代表某种特定信息，其线圈由系统程序驱动，用户不能驱动其线圈，只能用其触点。另一类是只能驱动其线圈的。例如，M8003：使 BATT. V 灯熄灭；M8044：禁止全部输出等。这些继电器的触点仅供系统使用，一旦线圈驱动，PLC 会作出特定反应。每个特殊辅助继电器都具有特定的功能，涉及 PLC 工作的方方面面，它们对 PLC 的应用提供了极大的帮助。

（6）特殊功用的数据寄存器供监控 PLC 的运行方式用，其内容在电源接通时写入初始化值（先全部清零，然后由系统 ROM 写入初始化值）。由于特殊功能用数据寄存器的内容代表特定的信息，一般不能当作普通的数据寄存器使用。

① D8000~D8009：用于警戒时钟、PLC 型号、系统版本、存储内容量、出错 M 的编号、后备电池电压和 24 V DC 关断单元号等。

② D8010~D8019：用于存储扫描时间（当前、最小、最大）。

③ D8040~D8049：用于存储与状态元件有关的信息，如 ON 状态、元件编号、报警状

态动作的最小编号等。

④ D8060~D8069：用于存储出错信息。

⑤ D8070~D8099：用于存储联机和通信的有关信息。

技能测试

1. 什么是可编程序控制器？它具有什么特点？
2. 可编程序控制器常用的分类方式有哪些？
3. 可编程序控制器的基本性能指标有哪些？
4. 可编程序控制器主要由哪几部分组成？
5. PLC 有哪两种基本工作模式？
6. 简述 FX_{2N} 的基本单元、扩展单元和扩展模块的用途。
7. 简述输入继电器、输出继电器、定时器及计数器的用途。
8. 三菱 FX_{0N}-40MR 中的"0N""40""M""R"分别代表什么？

情境 1.2　三相电动机全压启停控制系统改造

一、用户需求

某铝厂在对小型三相交流异步电动机的电气控制中采取全压启动控制。图 1-24 所示为采用继电器—接触器控制的三相电动机全压启动原理图。按下启动按钮 SB2，接触器 KM 线圈得电，其主触点闭合，使电动机全压启动；按下停止按钮 SB1，电动机停止。

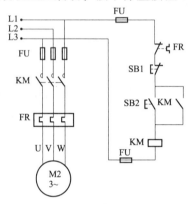

图 1-24　三相电动机全压启动原理图（采用继电器—接触器控制）

现在需要将原来的继电器—接触器控制系统改为 PLC 控制系统。

二、需求分析

该控制系统采用 PLC 进行控制时，主电路图仍然和图 1-24 相同，只是控制电路不一样。首先，选定输入/输出设备（选定发布控制信号的按钮、开关、传感器、热继电器触点等和选定执行控制任务的接触器、电磁阀、信号灯等）；然后，把这些设备与 PLC 对应相连，编制 PLC 程序；最后，进行调试运行。

正确选择输入/输出设备对于设计 PLC 控制程序、完成控制任务非常重要。一般情况下，一个控制信号对应一个输入设备，一个执行元件对应一个输出设备。选择开关还是按钮，对应的控制程序也不一样。热继电器 FR 的触点是电动机的过热保护信号，所以 FR 也应该属于输入设备。

根据继电器—接触器控制原理，完成本控制任务需要启动按钮 SB2 和停止按钮 SB1 两个主令控制信号作为输入设备，还需要执行元件（接触器）KM 作为输出设备来控制电动机主电路的接通和断开，从而控制电动机的启停。

三、相关资讯

（一）FX 系列 PLC 基本指令

1. 取/取反指令 LD/LDI

功能：取单个常开/常闭触点与母线（左母线、分支母线等）相连接。

操作元件：X、Y、M、T、C、S。

2. 驱动线圈（输出）指令 OUT

功能：驱动线圈。

操作元件：Y、M、T、C、S。

LD/LDI 指令及 OUT 指令的用法如图 1-25 所示。

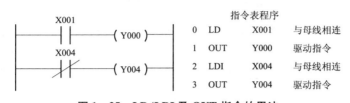

图 1-25　LD/LDI 及 OUT 指令的用法

3. 与/与反指令 AND/ANI

功能：串联单个常开/常闭触点。

4. 或/或反指令 OR/ORI

功能：并联单个常开/常闭触点。

AND/ANI 和 OR/ORI 指令的用法如图 1-26 所示。

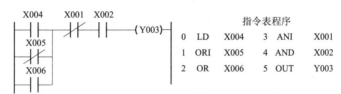

图 1-26　AND/ANI 和 OR/ORI 指令的用法

【注意】

按照规定，并联的起点设置在距离 OR 指令之前最近的 LD/LDI 指令处，如图 1-27 所示。

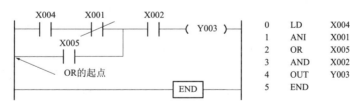

图 1-27　OR 指令的并联起点设置

5. 结束指令 END

功能：放在全部程序结束处，程序运行时执行第一步至 END 之间的程序。END 指令的用法可以参考图 1-27。

6. 置位/复位指令 SET/RST

功能：SET 指令使操作元件置位（接通并自保持），RST 指令使操作元件复位（断开）。

当 SET 和 RST 指令的信号同时接通时，后面的指令有效。SET/RST 指令的用法如图 1-28 所示。

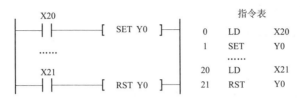

图1-28 SET/RST指令的用法

SET/RST指令与OUT指令的用法区别可以从波形图（图1-29）中看出。

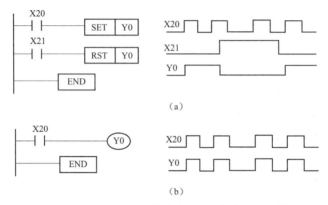

图1-29 SET/RST指令与OUT指令用法比较
(a) SET/RST指令；(b) OUT指令

（二）常闭触点的输入信号处理

PLC输入端口可以与不同类型的输入触点连接，然而，连接不同类型的触点，设计出的梯形图也将不一样。

PLC外部的输入触点可以接常开触点，也可以接常闭触点。输入触点接常闭触点时，梯形图中的触点状态与继电器—接触器控制图中的状态相反（图1-30）。

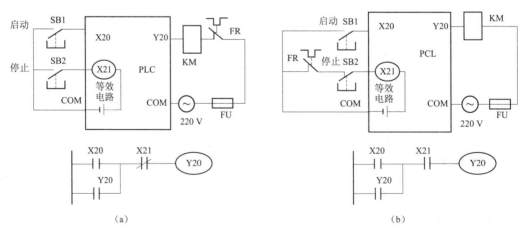

图1-30 不同触点类型的接线图与梯形图比较
(a) 停止按钮为常开触点输入；(b) 停止按钮为常闭触点输入

在教学中，通常将PLC的输入触点使用常开触点，便于进行原理分析。但在实际控制中,停止按钮、限位开关及热继电器等设备要使用常闭触点,以提高安全保障。

此外,为了节省成本,在设计接线图时应尽量少占用 PLC 的 I/O 点,有时也将 FR 常闭触点串接在其他常闭输入设备或输出负载回路中,如图 1-30(b)所示。

四、计划与实施

PLC 控制系统设计的原则是在最大限度地满足被控对象控制要求的前提下,力求使控制系统简单、经济、安全可靠。此外,考虑到今后生产的发展和工艺的改进,在选择 PLC 机型时应适当留有余地。PLC 控制系统的设计内容通常包括:分析控制对象、明确设计任务和要求、选定 PLC 的型号及所需的 I/O 模块、绘制 PLC 接线图、分配控制电路的 I/O 地址、进行编程(顺序功能图、梯形图)设计、编写操作使用说明书等。

1. 分配 I/O 地址

原则上,一个输入设备占用 PLC 的一个输入点(I),一个输出设备占用 PLC 的一个输出点(O)。三相电动机全压启停控制系统的 I/O 地址分配及功能说明如表 1-4 所示。

表 1-4 三相电动机全压启停控制系统的 I/O 地址分配及功能说明

序号	PLC 地址/PLC 端子	电气符号/面板端子	功能说明
1	X0	SB1	停止按钮
2	X1	SB2	启动按钮
3	X2	FR	热继电器常闭触点
4	Y0	KM	接触器线圈

2. 绘制 PLC 接线图

根据分配的 I/O 地址,绘制三相电动机全压启停控制系统的 PLC 接线图,如图 1-31 所示。

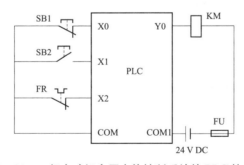

图 1-31 三相电动机全压启停控制系统的 PLC 接线图

3. 编制 PLC 程序

根据继电器控制原理,三相电动机全压启停控制系统的梯形图如图 1-32 所示。按下启动按钮 SB2,通过输入端子使输入继电器 X1 的线圈得电,X1 常开触点闭合,使输出继电器 Y0 接通并且自锁,通过输出端子使执行元件 KM 的线圈得电,使图 1-24 主电路中的 KM 主触点闭合启动电动机运行;按下停止按钮 SB1,输入继电器 X0 的线圈得电,X0 的常开触点断开,输出继电器 Y0 断电,从而使 KM 断电,电动机停止。如果电动机过载,热继电器触点 FR 的动作通过输入继电器 X2，从而切断输出继电器 Y0 的供电，使电动机停止。这个梯形图就是典型的启保停电路。

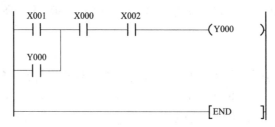

图 1-32 三相电动机全压启停控制系统的梯形图

根据图 1-32，三相电动机全压启停控制系统的指令表程序如图 1-33 所示。

```
0    LD     X001
1    OR     Y000
2    AND    X000
3    AND    X002
4    OUT    Y000
5    END
```

图 1-33 三相电动机全压启停控制系统的指令表程序

4. 接线并调试

将控制程序下载到 PLC 后，按照三相电动机全压启停控制系统的 PLC 接线图（图 1-31）接线，然后进行调试。在调试时，应先进行静态调试，再进行动态调试。

1）静态调试

断开输出端的用户电源，连接输入设备，按下各输入按钮，观察 PLC 的输出端子各信号灯的亮灭情况是否与控制要求相符。若不相符，则打开编程软件的在线监控功能，检查并修改程序，直至指示正确。

2）动态调试

接好用户电源和输出设备，观察电动机能否按控制要求动作。若不能，则检查电路的连接情况，直至电动机能按控制要求动作。

五、检查与评估

三相电动机全压启停控制系统可以在 YL-158G 电气控制柜实施，两人一组完成，具体评分见表 1-5。

表 1-5 三相电动机全压启停控制系统改造项目评分

评分项目	评分细则	配分	得分
控制系统电路设计	I/O 地址分配	5	
	PLC 接线图绘制	5	
	PLC 程序编制	20	

评分项目	评分细则	配分	得分
控制系统电路布线、排错、连接工艺	主电路布线、排错、连接工艺	10	
	控制电路布线、排错、连接工艺	15	
PLC 程序调试达到任务拟订的工作目标	按下启动按钮，电动机能按照要求全压启动	10	
	按下停止按钮，电动机能按照要求停止运行	10	
	电动机出现过载，立即停止运行	10	
	整个电气控制系统调试正常，达到任务拟订的工作目标	5	
职业素养与安全意识	完成工作任务的所有操作，且符合安全操作规程	5	
	工具摆放、包装物品、导线线头等的处理符合职业岗位的要求，爱惜设备和器材，保持工位整洁	5	
本项目得分			

技能测试

1. PLC 编程元件中只有＿＿＿＿和＿＿＿＿的元件编号采用八进制数。

2. 在 FX 系列 PLC 的基本逻辑指令中，"取"指令是＿＿＿＿，"驱动线圈"指令是＿＿＿＿，"与"指令是＿＿＿＿，"或"指令是＿＿＿＿。

3. PLC 程序设计的主要内容有哪些？

4. 楼道中有一盏照明灯，楼上有两个按钮——用于启动灯的 SB1 和用于关闭灯的 SB2，楼下也有两个按钮——用于启动灯的 SB3 和用于关闭灯的 SB4。要求能在任一处点亮或熄灭楼道的照明灯，请设计这个控制系统。

（1）列出 I/O 地址分配表。

（2）绘制 PLC 接线图。

（3）编制 PLC 程序（梯形图）。

5. 有两台电动机，分别为 M1 和 M2。要求：在 M1 启动后，M2 才能启动；任一台电动机过载时，两台电动机均停止；按下停止按钮时，两台电动机同时停止。

（1）列出 I/O 地址分配表。

（2）绘制 PLC 接线图。

（3）编制 PLC 程序（梯形图）。

情境 1.3 电动机正反转控制系统设计、编程与调试

一、用户需求

某化工厂吊车或某些生产机械的提升机构需要在上、下两个方向运动,它们的电动机必须能在正、反两个方向旋转。图 1-34 所示为继电器—接触器控制的电动机正反转运行电路。按下正转按钮 SB2,电动机正向启动运行;按下反转按钮 SB3,电动机反向启动运行;按下停止按钮 SB1,电动机停止运行。为了确保 KM1、KM2 不会同时接通导致主电路短路,控制电路中采用了接触器 KM1、KM2 常闭触点互锁。

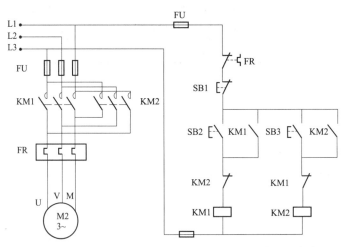

图 1-34 继电器—接触器控制的电动机正反转运行电路

现在需要将原来的继电器—接触器控制系统改为 PLC 控制系统。

二、需求分析

用 PLC 进行控制时,主电路图仍然和图 1-34 相同,只是控制电路不一样。首先,选定输入/输出设备;然后,把这些设备与 PLC 对应相连,编制 PLC 程序;最后,进行调试运行。

三、相关资讯

1. 与块指令 ANB

功能:串联一个并联电路块。

ANB 指令无操作元件,其用法如图 1-35 所示。

在使用 ANB 指令时,电路块的起点应使用 LD、LDI 指令,结束后使用 ANB 指令与前面的电路串联。

在有多个并联电路块串联时,如果依次使用 ANB 指令与前面电路连接,支路数量没有

限制;如果连续使用 ANB 指令编程,使用次数应限制在 8 次以下。

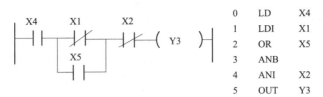

图 1-35 ANB 指令的用法

2. 或块指令 ORB

功能:并联一个串联电路块。

ORB 指令无操作元件,其用法如图 1-36 所示。

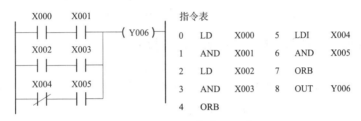

图 1-36 ORB 指令的用法

【试试看】

写出图 1-37 所示电路图的指令表程序。

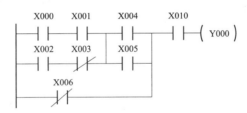

图 1-37 ANB/ORB 指令的综合应用电路图

3. 多重输出指令(堆栈操作指令)MPS/MRD/MPP

PLC 中有 11 个堆栈存储器,用于存储中间结果,如图 1-38(a)所示。

堆栈存储器的操作规则是:先进栈的后出栈,后进栈的先出栈。

1) 进栈指令 MPS

功能:数据压入堆栈的最上面一层,栈内原有数据依次下移一层。

2) 读栈指令 MRD

功能:用于读出最上层的数据,栈中各层内容不发生变化。

3) 出栈指令 MPP

功能:弹出最上层的数据,其他各层的内容依次上移一层。

MPS、MRD、MPP 指令都不带操作元件。MPS 指令与 MPP 指令的使用不能超过 11 次,并且要成对出现。MPS/MRD/MPP 指令的用法如图 1-38 所示。

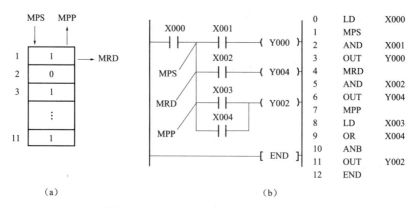

图 1-38 MPS/MRD/MPP 指令的用法

(a) 存储器；(b) 多重输出电路的梯形图与指令表

4. 主控触点指令 MC/MCR（主控/主控复位指令）

功能：用于公共触点的连接。当驱动 MC 的信号接通时，执行 MC 指令与 MCR 指令之间的指令；当驱动 MC 的信号断开时，OUT 指令驱动的元件断开，SET/RST 指令驱动的元件保持当前状态。MC/MCR 指令的用法如图 1-39 所示。

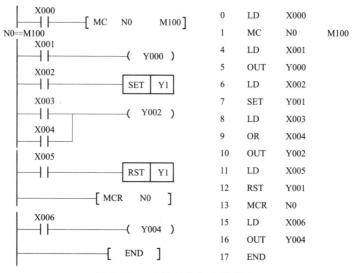

图 1-39 主控触点指令的使用

【注意】

(1) 主控 MC 触点与母线垂直，紧接在 MC 触点之后的触点用 LD/LDI 指令。

(2) 主控指令 MC 与主控复位指令 MCR 必须成对使用。

(3) 主控指令 MC 最多可以嵌套 8 层，用 N0~N7 表示（N 表示主控的层数）。

(4) M100 为 PLC 的辅助继电器（见情境 1.4），每个主控 MC 指令对应用一个辅助继电器表示。

四、计划与实施

1. 分配 I/O 地址

电动机正反转控制系统的 I/O 地址分配及功能说明如表 1-6 所示。

表 1-6 电动机正反转控制系统的 I/O 地址分配及功能说明

序号	PLC 地址/PLC 端子	电气符号/面板端子	功能说明
1	X0	SB1	停止按钮
2	X1	SB2	正转启动
3	X2	SB3	反转启动
4	X3	FR	热继电器常闭触点
5	Y1	KM1	正转接触器
6	Y2	KM2	反转接触器

2. 绘制 PLC 接线图

根据分配的 I/O 地址，绘制电动机正反转控制系统的 PLC 接线图，如图 1-40 所示。在图 1-40 中，PLC 外部负载输出回路串入了 KM1、KM2 的互锁触点，其作用在于即使在 KM1、KM2 的线圈出现故障的情况下，也能确保 KM1、KM2 的线圈不同时接通。

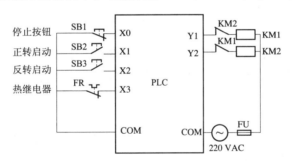

图 1-40 电动机正反转控制系统的 PLC 接线图

3. 编制 PLC 程序

根据继电器—接触器的控制原理，设计电动机正反转控制系统的梯形图，如图 1-41 所示。梯形图中的常开触点 X003 和常开触点 X000 串联后同时对线圈 Y001 和 Y002 有控制作用。

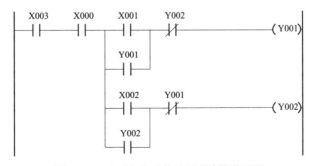

图 1-41 电动机正反转控制系统的梯形图

根据图 1-41，用多重输出指令编写的电动机正反转控制的指令表程序如图 1-42 所示。

1	AND	X000
2	MPS	
3	LD	X001
4	OR	Y001
5	ANB	
6	ANI	Y002
7	OUT	Y001
8	MPP	
9	LD	X002
10	OR	Y002
11	ANB	
12	ANI	Y001
13	OUT	Y002
14	END	

图 1-42 电动机正反转控制系统的指令表程序

4. 接线并调试

将控制程序下载到 PLC 后，按照电动机正反转控制系统的 PLC 接线图（图 1-40）接线，然后进行调试。在调试时，应先进行静态调试，再进行动态调试。

1）静态调试

断开输出端的用户电源，连接好输入设备，按下各输入按钮，观察 PLC 的输出端子各信号灯的亮灭情况是否与控制要求相符。若不相符，则打开编程软件的在线监控功能，检查并修改程序，直至指示正确。

2）动态调试

接好用户电源和输出设备，观察电动机能否按控制要求动作；若不能，则检查电路的连接情况，直至电动机能按控制要求动作。

五、检查与评估

电动机正反转控制系统可以在 YL-158G 电气控制柜实施，两人一组完成，具体评分见表 1-7。

表 1-7 电动机正反转控制系统设计项目评分

评分项目	评分细则	配分	得分
控制系统电路设计	I/O 地址分配	5	
	PLC 接线图绘制	5	
	PLC 程序编制	20	

续表

评分项目	评分细则	配分	得分
控制系统电路布线、排错、连接工艺	主电路布线、排错、连接工艺	10	
	控制电路布线、排错、连接工艺	15	
PLC 程序调试达到任务拟订的工作目标	按下正转按钮，电动机按要求正向启动运行	8	
	按下反转按钮，电动机按要求反向启动运行	8	
	按下停止按钮，电动机停止运行	8	
	电动机出现过载时，立即停止运行	6	
	整个电气控制系统调试正常，达到任务拟订的工作目标	5	
职业素养与安全意识	完成工作任务的所有操作，且符合安全操作规程	5	
	工具摆放、包装物品、导线线头等的处理符合职业岗位的要求，爱惜设备和器材，保持工位整洁	5	
本项目得分			

技能测试

1. 将图 1-43 所示的梯形图转换成指令表。

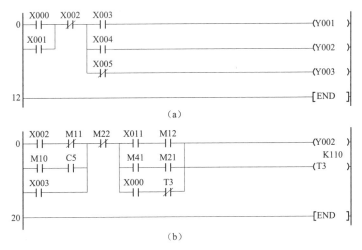

图 1-43 将梯形图转换成指令表

2. 3 组选手参赛，每组选手手上各有一个抢答按钮和一盏指示灯，主持人有一个复位按钮。控制要求：抢先按下抢答按钮的选手，其指示灯亮并保持，其余选手指示灯则不能点亮；主持人按下复位按钮，选手的指示灯灭。

(1) 列出 I/O 地址分配表。

(2) 绘制 PLC 接线图。

(3) 编制 PLC 程序（梯形图）。

3. 当汽车到达车库门前时，安装在车库门上的超声波开关检测到汽车到来的信号，车库门上升，在上升到一定高度后停止；汽车驶入车库后，光电开关发出信号，车库门下降，关闭车库门。

(1) 列出 I/O 地址分配表。

(2) 绘制 PLC 接线图。

(3) 编制 PLC 程序（梯形图）。

情境1.4 电动机延时启动控制系统设计、编程与调试

一、用户需求

某机械加工企业的一台 X62W 铣床升降台需要采取延时启动。图 1-44 所示为采用继电器—接触器控制的电动机延时启动原理图。按下启动按钮 SB1，延时继电器 KT 得电并自保，延时（如 50 s）后接触器 KM 线圈得电。

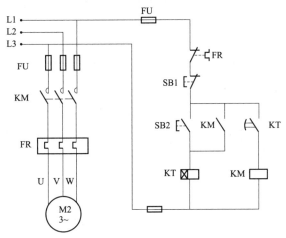

图 1-44　电动机延时启动控制系统的原理图（采用继电器—接触器控制）

现在，需要设计一个 PLC 控制系统，实现电动机延时启动控制，具体要求如下：
（1）按下启动按钮，电动机延时 50 s 启动运行。
（2）按下停止按钮，电动机停止运行。

二、需求分析

用 PLC 进行控制时，主电路图仍然和图 1-44 相同，只是控制电路不一样。首先，根据控制的需要选定输入/输出设备（选定发布控制信号的按钮、开关、传感器、热继电器触点等和选定执行控制任务的接触器、电磁阀、信号灯等）；然后，把这些设备与 PLC 对应相连，编制 PLC 程序；最后，进行调试运行。

三、相关资讯

（一）FX 系列 PLC 的编程元件——定时器（T）

定时器在 PLC 中的作用相当于时间继电器，它有一个设定值寄存器（字）、一个当前值寄存器（字）、一个线圈以及无数个触点（位）。通常在一个 PLC 中有几十至数百个定时器，可用于定时操作，起延时接通或断开电路的作用。

在 PLC 内部，通用定时器是通过对内部某一时钟脉冲进行计数来完成定时的。常用的

计时脉冲有 3 类，即 1 ms、10 ms 和 100 ms 脉冲。不同的计时脉冲，其计时精度不同。当用户需要定时操作时，可通过设定脉冲的个数来完成，用常数 K 设定（1~32 767），也可用数据寄存器 D 设定。

FX 系列 PLC 的定时器采用十进制编号，如 FX_{2N} 系列的通用定时器编号为 T0~T255。

1. 通用定时器

通用定时器的编号为 T0~T245，有两种计时脉冲，分别是 100 ms 和 10 ms，其对应的计时范围分别为 0.1~3 276.7 s 和 0.01~327.67 s，如表 1-8 所示。

表 1-8　通用定时器的编号及对应的计时脉冲和计时范围

定时器编号	计时脉冲/ms	计时范围/s
T0~T199（200 点）	100	0.1~3 276.7
T200~T245（46 点）	10	0.01~327.67

通用定时器的工作原理和过程：

如图 1-45 所示，当驱动线圈的信号 X20 接通时，定时器 T0 的当前值对 100 ms 脉冲开始计数，达到设定值（30 个脉冲）时，T0 的输出触点动作使输出继电器 Y0 接通并保持，即输出是在驱动线圈后的 3 s（100 ms×30＝3 s）时动作。

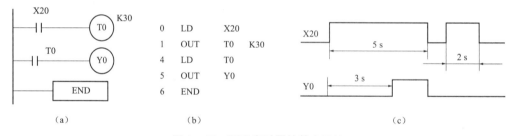

图 1-45　通用定时器的基本用法

(a) 梯形图；(b) 指令表；(c) 输入/输出波形图

当信号 X20 断开或发生停电时，定时器 T0 复位（触点复位，当前值清零），输出继电器 Y0 断开。当 X20 再次接通时，T0 开始重新定时。由于还没到达设定值时 X20 就断开了，因此 T0 触点不会动作，Y0 也不会接通。

2. 积算定时器（T246~T255）

如图 1-46 所示，积算定时器与通用定时器的区别在于：线圈的驱动信号 X20 断开或停电时，积算定时器不复位，保持当前值，当驱动信号 X20 再次被接通或恢复来电时，积算定时器累计计时。当前值达到设定值时，输出触点动作。需要注意的是，必须用复位信号才能对积算定时器复位。当复位信号 X21 接通时，积算定时器处于复位状态，输出触点复位，当前值清零，且不计时。

积算定时器也有两种计时脉冲，分别是 1 ms 和 100 ms，其对应的计时范围分别为 0.001~32.767 s 和 0.1~3 276.7 s，如表 1-9 所示。

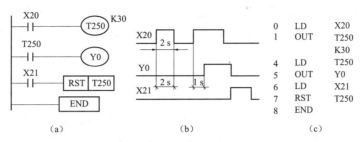

图 1-46 积算定时器基本用法

(a) 梯形图；(b) 输入/输出波形图；(c) 指令表

表 1-9 积算定时器的地址编号及对应的计时脉冲和计时范围

定时器编号	计时脉冲/ms	计时范围/s
T246~T249（4 点）	1	0.001~32.767
T250~T255（6 点）	100	0.1~3 276.7

(二) FX 系列 PLC 的辅助继电器 (M)

辅助继电器 M 不能直接对外输入/输出，只能用作状态暂存、逻辑运算等。辅助继电器的触点（包括常开触点和常闭触点）在 PLC 内部可以无限次使用。辅助继电器分 3 种类型，其地址号按十进制数分配。

①普通型：M0~M499，共 500 个点。

②断电保持型：M500~M1023，共 524 个点。这些 M 即使 PLC 断电，也能保持动作状态。

③特殊功能型：M8000~M8255，共 256 个点。这些 M 与 PLC 的状态、时钟、标志、运行方式、步进顺控、中断、出错检测、通信、扩展和高速计数等有密切关系，在 PLC 技术应用中起着非常重要的作用。各点的功能及使用条件可参看附录。

PLC 内部有很多特殊辅助继电器。这些特殊辅助继电器各自具有特定的功能，一般分为两大类。

一类是只能利用其特殊辅助验电器触点，这类继电器的线圈由 PLC 自动驱动，用户只能利用其触点进行编程。例如，M8000（运行监控）、M8002（初始脉冲）、M8012（100 ms 时钟脉冲）等，其波形图如图 1-47 所示。

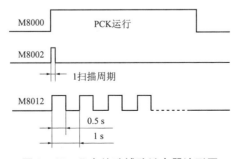

图 1-47 几个特殊辅助继电器波形图

另一类是可驱动线圈型特殊辅助继电器。用户驱动线圈后,PLC 做特定的动作。例如,M8033 指 PLC 停止时输出保持,M8034 指 PLC 禁止全部输出,M8039 指 PLC 定时扫描,等等。

【应用举例】

设计路灯的控制程序。

要求:每晚 7 点由工作人员按下按钮(X0),点亮路灯 Y0,次日凌晨 X1 停止。特别要注意的是,如果夜间出现意外停电,则要求恢复来电后继续点亮路灯。

图 1-48 所示为路灯的控制程序。M500 是断电保持型辅助继电器。出现意外停电时,Y0 断电,路灯熄灭。由于 M500 能保存停电前的状态,并在运行时再现该状态的情形,所以当来电恢复时,M500 能使 Y0 继续接通,点亮路灯。

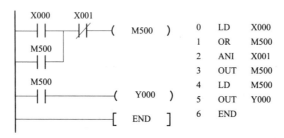

图 1-48 路灯的控制程序

(三)定时器自复位电路(用于循环定时)

图 1-49 所示为定时器自复位电路的梯形图和波形图。其工作过程分析如下:X20 接通 1 s 后,常开触点 T0 动作使 Y0 接通,常闭触点在第 2 个扫描周期中使 T0 线圈断开,Y0 跟着断开;在第 3 个扫描周期,T0 线圈重新开始定时,重复前面的过程。

定时器的自复位电路要分析前后三个扫描周期,才能真正理解它的自复位工作过程。定时器的自复位电路用于循环定时。

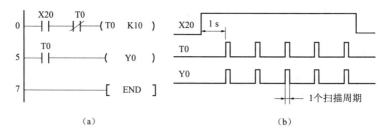

(a) (b)

图 1-49 定时器自复位电路

(a)梯形图;(b)波形图

(四)振荡电路

图 1-50 所示为用定时器组成的振荡电路的梯形图及波形图。当输入 X0(即 X000)接通时,输出 Y0(即 Y000)以 1 s 为周期闪烁变化(如果 Y0 连接指示灯,则灯光灭 0.5 s 亮 0.5 s,交替进行)。改变 T0、T1 的设定值,可以调整 Y0 的输出脉冲宽度。

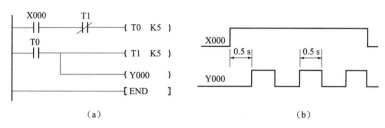

图 1-50 振荡电路
(a) 梯形图；(b) 波形图

【应用举例】

合上开关 K1（X0），红灯（Y0）亮 1 s 灭 1 s，累计点亮半小时后自行关闭系统。

图 1-51 所示为其梯形图程序。该程序中红灯间歇点亮，其点亮的累计时间要用积算定时器计时，半小时累计满时，T250 常闭触点将整个程序切断。当 X0 断开时，积算定时器复位。

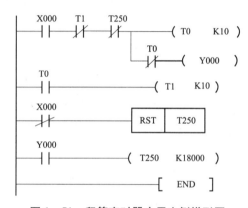

图 1-51 积算定时器应用实例梯形图

四、计划与实施

1. 分配 I/O 地址

要实现电动机延时启动，只需选择发送控制信号的启动、停止按钮和传送热过载信号的 FR 常闭触点作为 PLC 的输入设备，选择接触器 KM 作为 PLC 输出设备控制电动机的主电路即可。时间控制功能由 PLC 的内部元件（T）完成，不需要在外部考虑。电动机延时启动控制系统的 I/O 地址分配及功能说明如表 1-10 所示。

表 1-10 电动机延时启动控制系统的 I/O 地址分配及功能说明

序号	PLC 地址/PLC 端子	电气符号/面板端子	功能说明
1	X20	SB1	启动按钮
2	X21	SB2	停止按钮及过载保护
3	Y20	KM	接触器线圈

2. 绘制 PLC 接线图

根据分配的 I/O 地址，绘制电动机延时启动控制系统的 PLC 接线图，如图 1－52 所示。

SB1
SB2
FR
X20
X21
PLC
COM
Y20
COM1
KM1
24 V DC
FU

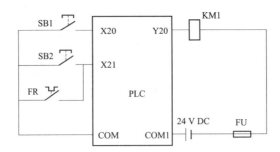

图 1－52　电动机延时启动控制系统的 PLC 接线图

3. 编制 PLC 程序

如图 1－53 所示，X20 接外部按钮时，只能提供短信号，而 T0 定时器需要长信号才能定时。程序采用 X20 提供启动信号，辅助继电器 M0 自保以后供 T0 定时用。这样就将外围设备的短信号变成程序所需的长信号。

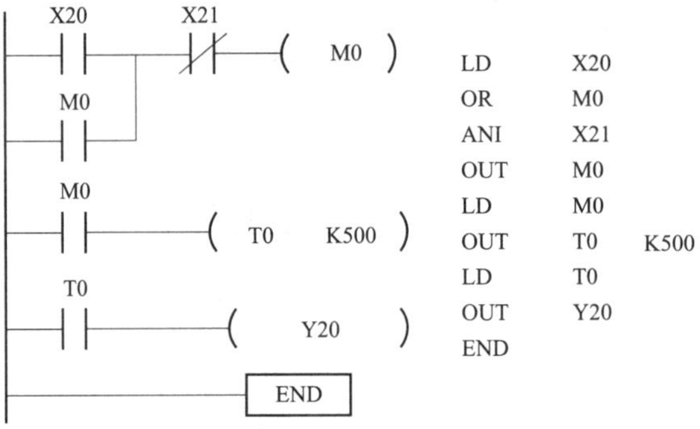

X20
X21
M0
M0
M0
T0　K500
T0
Y20
END
LD　X20
OR　M0
ANI　X21
OUT　M0
LD　M0
OUT　T0　K500
LD　T0
OUT　Y20
END

图 1－53　电动机延时启动控制系统的 PLC 程序

4. 接线并调试

将控制程序下载到 PLC 后，按照电动机延时启动控制系统的 PLC 接线图（图 1－52）接线，然后进行调试。在调试时，应先进行静态调试，再进行动态调试。

1）静态调试

断开输出端的用户电源，连接好输入设备，按下各输入按钮，观察 PLC 的输出端子各信号灯的亮灭情况是否与控制要求相符。若不相符，则打开编程软件的在线监控功能，检查并修改程序，直至指示正确。

2）动态调试

接好用户电源和输出设备，观察电动机能否按控制要求动作。若不能，则检查电路的连接情况，直至能按控制要求动作。

五、检查与评估

电动机延时启动控制系统可以在 YL－158G 电气控制柜实施，两人一组完成，具体评分见表 1－11。

表1-11 电动机延时启动控制系统设计项目评分

评分项目	评分细则	配分	得分
控制系统电路设计	I/O 地址分配	5	
	PLC 接线图绘制	5	
	PLC 程序编制	20	
控制系统电路布线、排错、连接工艺	主电路布线、排错、连接工艺	10	
	控制电路布线、排错、连接工艺	15	
PLC 程序调试达到任务拟订的工作目标	按下启动按钮，电动机延时 50 s 后启动运行	10	
	按下停止按钮，电动机马上停止运行	10	
	电动机出现过载时，立即停止运行	10	
	整个电气控制系统调试正常，达到任务拟订的工作目标	5	
职业素养与安全意识	完成工作任务的所有操作，且符合安全操作规程	5	
	工具摆放、包装物品、导线线头等的处理符合职业岗位的要求，爱惜设备和器材，保持工位整洁	5	
本项目得分			

技能测试

1. 有两台交流异步电动机，分别为 M1 和 M2，M1 启动 10 s 后，M2 启动，M1 和 M2 共同运行 1 h 后，同时停止。

(1) 列出 I/O 地址分配表。

(2) 编制 PLC 程序（梯形图）。

2. 有两台电动机，分别为 M1 和 M2，按下启动按钮，电动机 M1 启动，经过 1 min 的延时后，电动机 M2 自动启动；按下停止按钮，两台电动机立即停止。

(1) 列出 I/O 地址分配表。

(2) 编制 PLC 程序（梯形图）。

3. 设计一个周期为 5 s、占空比为 70% 的振荡电路。

(1) 列出 I/O 地址分配表。

(2) 编制 PLC 程序（梯形图）。

4. 仔细阅读图 1-54 所示的梯形图，完成填空。

图 1-54 梯形图

按下按钮 X0，_____秒后，Y0 接通；_____秒后，Y0 断开。

5. 当工件达到指定位置时，行程开关闭合，同时报警灯亮，每次亮 0.5 s，熄灭 1 s，持续 60 s 后停止，扬声器发出报警声 2 s 后停止。

（1）列出 I/O 地址分配表。

（2）绘制 PLC 接线图。

（3）编制 PLC 程序（梯形图）。

6. 有两台电动机，分别为 M1 和 M2，控制要求：按下启动按钮，M1 启动，10 s 后，M2 自行启动；按下停止按钮，M1 停止，6 s 后，M2 停止。

（1）列出 I/O 地址分配表。

（2）编制 PLC 程序（梯形图）。

7. 设计控制 3 台电动机（M1、M2、M3）的顺序启动和停止的程序。控制要求：发出启动信号 1 s 后，M1 启动，M1 运行 8 s 后，M2 启动，M2 运行 5 s 后，M3 启动；发出停止信号 1 s 后，M3 停止，M3 停止 2 s 后，M2 停止，M2 停止 4 s 后，M1 停止。

（1）列出 I/O 地址分配表。

（2）绘制 PLC 接线图。

（3）编制 PLC 程序（梯形图）。

8. 设计一个闪光灯控制系统。控制要求：按下启动开关，L1 亮 1 s 后灭，接着 L2、L3、L4、L5 亮 1 s 后灭，再接着 L6、L7、L8、L9 亮 1 s 后灭，L1 又亮，如此循环下去。

（1）列出 I/O 地址分配表。

（2）编制 PLC 程序（梯形图）。

情境 1.5　车库门自动控制系统设计、编程与调试

一、用户需求

某小区车库门需自动打开和关闭控制，请设计一车库门自动控制系统。

具体控制要求：

当汽车到达车库门前时，光电开关接收汽车到达的信号，车库门电动机正转，车库门自动上升，同时室内灯亮，当车库门上升到顶点（碰到上限限位开关）时，车库门停止上升。待汽车完全驶入车库 5 min 后，车库门电动机反转，车库门下降。当碰到门的下限限位开关后，车库门停止。车库门自动控制系统示意如图 1-55 所示。

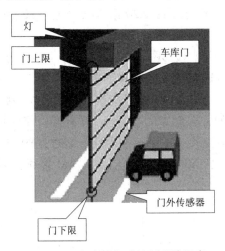

图 1-55　车库门自动控制系统示意

二、需求分析

首先，根据控制的需要选定输入/输出设备（选定发布控制信号的按钮、开关、传感器、热继电器触点等和选定执行控制任务的接触器、电磁阀、信号灯等）；然后，把这些设备与 PLC 对应相连，编制 PLC 程序；最后，进行调试运行。

三、相关资讯

（一）上升沿/下降沿微分指令 PLS/PLF（脉冲输出指令）

上升沿/下降沿微分指令 PLS/PLF，有时也称为脉冲输出指令。

1. PLS

功能：当驱动信号的上升沿到来时，操作元件接通一个扫描周期。

2. PLF

功能：当驱动信号的下降沿到来时，操作元件接通一个扫描周期。

如图 1-56 所示,当输入 X1(即 X001)的上升沿到来时,辅助继电器 M0 接通一个扫描周期,其余时间不论 X0 是接通还是断开,M0 都断开。当输入 X2(即 X002)的下降沿到来时,辅助继电器 M1 接通一个扫描周期,然后断开。

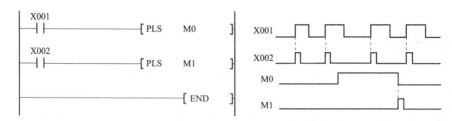

图 1-56 脉冲输出指令用法

【应用举例】

设计用单按钮控制台灯两挡发光亮度的控制程序。

要求:X20 第 1 次合上,Y0 接通;X20 第 2 次合上,Y0 和 Y1 都接通;X20 第 3 次合上,Y0 和 Y1 都断开。

梯形图如图 1-57(a)所示,波形图如图 1-57(b)所示,指令表如图 1-57(c)所示。

当 X20 第 1 次合上时,M0 接通一个扫描周期。由于此时 Y0 还是初始状态未接通,所以 CPU 从上往下扫描程序时,M1 和 Y1 都不能接通,只有 Y0 接通,台灯低亮度发光。在第 2 个扫描周期里,虽然 Y0 的常开触点闭合,但 M0 却断开了,因此 M1 和 Y1 仍不能接通。直到 X20 第 2 次合上时,M0 又接通一个扫描周期。此时,Y0 已经接通,其常开触点闭合使 Y1 接通,台灯高亮度发光。当 X20 第 3 次合上时,M0 接通,因 Y1 常开触点闭合,M1 接通,Y0 和 Y1 断开,台灯熄灭。

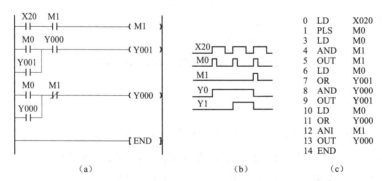

图 1-57 单按钮控制两挡发光亮度台灯的控制程序
(a)梯形图;(b)波形图;(c)指令表

PLS 指令在输入信号上升沿产生脉冲输出,而 PLF 指令在输入信号下降沿产生脉冲输出,这两条指令都是 2 程序步,它们的目标元件是 Y 和 M,但特殊辅助继电器不能作目标元件。使用 PLS 指令,元件 Y、M 仅在驱动输入接通后的一个扫描周期内动作(置 1);使用 PLF 指令,元件 Y、M 仅在驱动输入断开后的一个扫描周期内动作。

使用这两条指令时,要特别注意目标元件。例如,在驱动输入接通时,PLC 由运行到停机再到运行,此时 PLS M0 动作,但 PLS M600(断电时,电池后备的辅助继电器)不动作。这是因为 M600 是特殊保持继电器,即使在断电停机时其动作也能保持。

(二)边沿检测指令(LDP/LDF、ANDP/ANDF、ORP/ORF)

1. 上升沿/下降沿检测指令 LDP/LDF

功能:与左母线连接的常开触点的检测指令,仅在指定位的元件的上升沿(OFF→ON)/下降沿(ON→OFF)时接通一个扫描周期。

2. 与上升沿脉冲/与下降沿脉冲指令 ANDP/ANDF

功能:串联连接上升沿/下降沿脉冲。

3. 或上升沿脉冲/或下降沿脉冲指令 ORP/ORF

功能:并联连接上升沿/下降沿脉冲。

触点状态变化的边沿检测指令共有6个,其应用示例如图1-58所示。

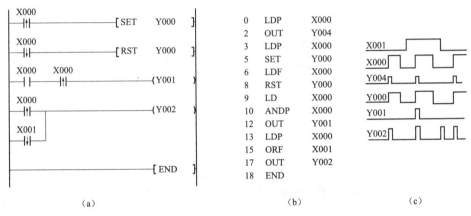

图 1-58 上升沿/下降沿指令用法
(a) 梯形图;(b) 指令表;(c) 波形图

【说明】

LDP、ANDP 及 ORP 指令检测触点状态变化的上升沿,当上升沿到来时,使其操作对象接通一个扫描周期。LDF、ANDF 及 ORF 指令检测触点变化的下降沿,当下降沿到来时,使其操作对象接通一个扫描周期。

这组指令只是在某些场合为编程提供方便。当以辅助继电器 M 为操作元件时,M 序号会影响程序的执行情况(注:M0~M2799 和 M2800~M3071 两组动作有差异)。

四、计划与实施

1. 分配 I/O 地址

车库门自动控制系统的 I/O 地址分配及功能说明如表 1-12 所示。

表 1-12 车库门自动控制系统的 I/O 地址分配及功能说明

序号	PLC 地址/PLC 端子	电气符号/面板端子	功能说明
1	X0	SQ1	光电开关
2	X1	SQ2	门上限限位开关

续表

序号	PLC 地址/PLC 端子	电气符号/面板端子	功能说明
3	X2	SQ3	门下限限位开关
4	Y0	HL1	车库灯
5	Y1	KM1	门电动机正转
6	Y2	KM2	门电动机反转

2. 绘制 PLC 接线图

根据分配的 I/O 地址，绘制车库门自动控制系统的 PLC 接线图，如图 1-59 所示。

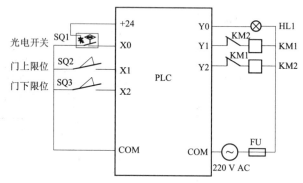

图 1-59 车库门自动控制系统的 PLC 接线图

3. 编制 PLC 程序

在设计车库门自动控制系统程序时，光电开关接通信号接通使用 PLS 指令作为车库门上升 Y1 的启动信号，车库灯亮，使用 SET 指令可让 Y0 和 Y1 一直保持。车库门上升接触到上限限位开关时使用 PLS 指令，同时使用 RST 指令使 Y1 停止。车库门下降到下限限位开关时使用 PLS 指令，同时复位定时器 T0、Y2 和辅助继电器 M2。控制程序可以参考图 1-60。

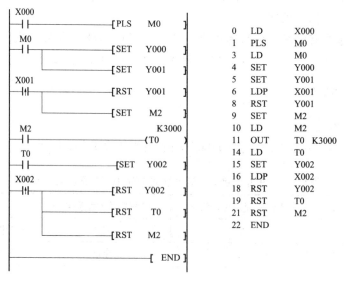

图 1-60 车库门自动控制系统的 PLC 程序

4. 接线并调试

将控制程序下载到 PLC 后，按照车库门自动控制系统的 PLC 接线图接线，然后进行调试。在调试时，应先进行静态调试，再进行动态调试。

1）静态调试

断开输出端的用户电源，连接好输入设备，按下各输入按钮，观察 PLC 的输出端子各信号灯的亮灭情况是否与控制要求相符。若不相符，则打开编程软件的在线监控功能，检查并修改程序，直至指示正确。

2）动态调试

接好用户电源和输出设备，观察输出设备能否按控制要求动作；若不能，则检查电路的连接情况，直至电动机能按控制要求动作。

五、检查与评估

车库门自动控制系统可以在 YL-158G 电气控制柜实施，两人一组完成，具体评分见表 1-13。

表 1-13 车库门自动控制系统设计项目评分

评分项目	评分细则	配分	得分
控制系统电路设计	I/O 地址分配	5	
	PLC 接线图绘制	5	
	PLC 程序编制	20	
控制系统电路布线、排错、连接工艺	主电路布线、排错、连接工艺	10	
	控制电路布线、排错、连接工艺	15	
PLC 程序调试达到任务拟订的工作目标	光电开关接收到信号，车库门电动机正转，车库门自动上升，同时室内灯亮	10	
	当车库门升到顶点碰到上限限位开关时，车库门停止上升	5	
	5 min 后，车库门电动机反转，车库门下降	10	
	当车库门碰到门下限限位开关后，车库门停止	5	
	整个电气控制系统调试正常，达到任务拟订的工作目标	5	
职业素养与安全意识	完成工作任务的所有操作，且符合安全操作规程	5	
	工具摆放、包装物品、导线线头等的处理符合职业岗位的要求，爱惜设备和器材，保持工位整洁	5	
本项目得分			

> **技能测试**

设计一个用单按钮控制 3 盏灯亮灭的控制程序。要求：第 1 次按下按钮，红灯亮；第 2 次按下按钮，绿灯亮；第 3 次按下按钮，黄灯亮；第 4 次按下按钮，所有灯灭。

（1）列出 I/O 地址分配表。

（2）编制 PLC 程序（梯形图）。

项目一 简单电气控制系统设计、编程与调试

情境 1.6 仓库工件统计监控系统设计、编程与调试

一、用户需求

某铝厂的一个小型仓库,需要对每天存放进仓库的工件进行数量统计。

具体要求:

当工件数量达到 150 件时,仓库监控室的绿灯亮;当工件数量达到 200 件时,仓库监控室的红灯以 1 Hz 频率闪烁报警。

二、需求分析

本控制任务的关键是要对进库物品进行数量统计。解决的思路是在仓库的进库口设置传感器,检测是否有物品进库,然后对传感器检测信号进行计数。这需要用到 PLC 的另一编程元件——计数器。

三、相关资讯

(一) FX 系列 PLC 的计数器 C

计数器是 PLC 的重要内部元件,它在 CPU 执行扫描操作时对内部元件 X、Y、M、S、T、C 的信号进行计数。计数器与定时器一样,也有一个设定值寄存器(字)、一个当前值寄存器(字)、一个线圈以及无数个常开、常闭触点(位)。当计数次数达到其设定值时,计数器触点动作,用于控制系统完成相应功能。

计数器的设定值也与定时器的设定值一样,可用常数 K 设定,也可用数据寄存器 D 设定。例如,指定为 D10,而 D10 中的内容为 123,则与设定 K123 等效。

FX 系列 PLC 的计数器采用十进制编号。例如,FX_{2N} 系列的低速计数器编号为 C0 ~ C234。

(二) 16 位低速计数器

通常情况下,PLC 的计数器分为加计数器和减计数器,FX 系列的 16 位低速计数器都是加计数器。16 位低速计数器的类型、编号和设定值区间如表 1 – 14 所示。

表 1 – 14 16 位低速计数器的类型、编号和设定值区间

类型	计数器编号	设定值区间
通用加计数器	C0 ~ C99(100 点)	K1 ~ K32767
停电保持加计数器	C100 ~ C199(100 点)	K1 ~ K32767

停电保持计数器在外界停电后能保持当前计数值不变,恢复来电时能累计计数。

16 位低速计数器的计数原理:当复位信号 X10 断开时,计数信号 X11 每接通一次(上升沿到来),加计数器的当前值加 1,当前值达到设定值时,计数器触点动作且不再计数。

当复位信号接通时，计数器处于复位状态，此时，当前值清零，触点复位，并且不计数。通用型 16 位加计数器计数过程如图 1-61 所示。

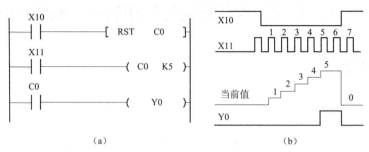

图 1-61　通用型 16 位加计数器计数过程
(a) 梯形图；(b) 波形图

【应用举例】

用一个按钮控制一盏灯，要求按 3 次后灯亮，再按 3 次后灯灭。画出梯形图（图 1-62）。

图 1-62　按钮控制灯亮灭的梯形图

功能说明：每按下 X000 一次，C0、C1 各计数一次，3 次时，C0 触点动作，Y000 线圈接通；6 次时，C1 触点动作，Y001 线圈被断开。

(三) 32 位加/减双向计数器

FX 系列的低速计数器除了前面已讲解的 16 位计数器外，还有 32 位加/减双向计数器。32 位加/减双向计数器的类型、编号和设定值区间如表 1-15 所示。

表 1-15　32 位加/减双向计数器的类型、编号和设定值区间

类型	计数器编号	设定值区间
32 位通用加/减双向计数器	C200 ~ C219（共 20 点）	K - 2147483648 ~ K2147483647
32 位停电保持加/减双向计数器	C220 ~ C234（共 15 点）	K - 2147483648 ~ K2147483647

32 位加/减双向计数器的设定值可正可负，在计数过程中，加/减双向计数器的当前值可加可减，分别用特殊辅助继电器 M8200 ~ M8234 指定计数方向，对应的特殊辅助继电器 M 在断开时为加计数，在接通时为减计数。

图 1-63 所示为 32 位加/减双向计数器计数原理的梯形图和波形图。用 X12 通过 M8200 控制双向计数器 C200 的计数方向,当 X12 = 1 时,M8200 = 1,计数器 C200 处于减计数状态;当 X12 = 0 时,M8200 = 0,计数器 C200 处于加计数状态。无论是加计数状态还是减计数状态,当前值大于或等于设定值时,计数器输出触点动作;当前值小于设定值时,计数器输出触点复位。

只要双向计数器不处于复位状态,无论当前值是否达到设定值,其当前值始终随计数信号的变化而变化。

与通用计数器一样,当复位信号到来时,双向计数器处于复位状态。此时,当前值清零,触点复位,并且不计数。

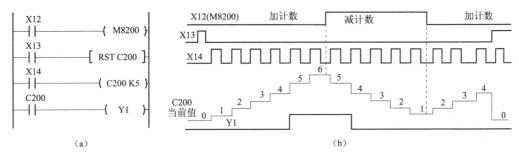

图 1-63 32 位加/减双向计数器计数原理
(a) 梯形图;(b) 波形图

(四) 通用计数器的自复位电路——主要用于循环计数

图 1-64 所示为通用计数器的自复位电路的梯形图和波形图。C0 对计数脉冲 X004 进行计数,计到第 3 次时,C0 的常开触点动作使 Y0 接通。而在 CPU 的第 2 轮扫描中,由于 C0 的另一常开触点也动作使其线圈复位,后面的常开触点也跟着复位。因此在第 2 个扫描周期中 Y0 又断开。在第 3 个扫描周期中,由于 C0 常开触点复位解除了其线圈的复位状态,C0 进入计数状态,重新开始下一轮计数。

与定时器自复位电路一样,计数器的自复位电路也要分析前后三个扫描周期,才能真正理解它的自复位工作过程。计数器的自复位电路主要用于循环计数。计数器的自复位电路在实际中应用得非常广泛,要深刻理解,才能熟练其应用。

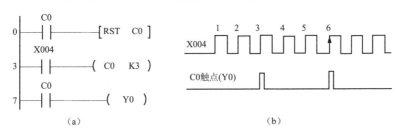

图 1-64 通用计数器的自复位电路
(a) 梯形图;(b) 波形图

【应用举例】

图 1-65 所示为时钟电路程序的梯形图和指令表。采用特殊辅助继电器 M8013 作为秒脉冲并送给 C0 进行计数。C0 每计 60 次(1 min)向 C1 发出一个计数信号,C1 每计 60 次

(1 h) 向 C2 发出一个计数信号。C0、C1 分别计 60 次 (00~59)，C2 计 24 次 (00~23)。

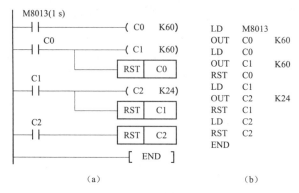

图 1-65 时钟电路程序
(a) 梯形图；(b) 波形图

四、计划与实施

1. 分配 I/O 地址

仓库工件统计监控系统的 I/O 地址分配及功能说明如表 1-16 所示。

表 1-16 仓库工件统计监控系统的 I/O 地址分配及功能说明

序号	PLC 地址/PLC 端子	电气符号/面板端子	功能说明
1	X0	SQ	进库工件检测传感器
2	X1	SB	监控系统启动按钮（计数复位按钮）
3	Y0	HL1	监控室红灯
4	Y1	HL2	监控室绿灯

2. 绘制 PLC 接线图

根据分配的 I/O 地址，绘制仓库工件统计监控系统的 PLC 接线图，如图 1-66 所示。

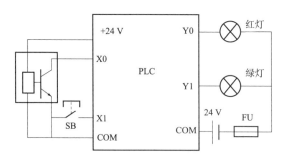

图 1-66 仓库工件统计监控系统的 PLC 接线图

3. 编制 PLC 程序

图 1-67 所示为仓库工件统计监控系统的 PLC 程序。每进库一件物品，传感器就通过 X0 输入一个信号，同时计数器 C0、C1 各计数一次。当 C0 计数至 150 时，其触点动作，使

绿灯（Y1）点亮；当 C1 计数至 200 时，其触点动作，与 M8013（1s 时钟脉冲）串联，实现 Y0 红灯 1 Hz 的频率闪烁报警。

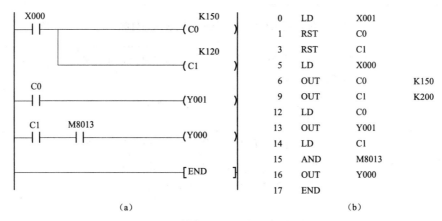

图 1-67　仓库工件统计监控系统的 PLC 程序
(a) 梯形图；(b) 指令表

4. 接线并调试

将控制程序下载到 PLC 后，按照仓库工件统计监控系统的 PLC 接线图（图 1-66）接线，然后进行调试。在调试时，应先进行静态调试，再进行动态调试。

1）静态调试

断开输出端的用户电源，连接好输入设备，按下各输入按钮，观察 PLC 的输出端子各信号灯的亮灭情况是否与控制要求相符。若不相符，则打开编程软件的在线监控功能，检查并修改程序，直至指示正确。

2）动态调试

接好用户电源和输出设备，观察输出设备能否按控制要求动作；若不能，则检查电路的连接情况，直至能按控制要求动作。

五、检查与评估

仓库工件统计监控系统可以在 YL-158G 电气柜实施，两人一组完成，具体评分见表 1-17。

表 1-17　仓库工件统计监控系统设计项目评分

评分项目	评分细则	配分	得分
控制系统电路设计	I/O 地址分配	5	
	PLC 接线图绘制	5	
	PLC 程序编制	20	
控制系统电路布线、排错、连接工艺	主电路布线、排错、连接工艺	10	
	控制电路布线、排错、连接工艺	15	

续表

评分项目	评分细则	配分	得分
PLC 程序调试达到任务拟订的工作目标	工件达到 150 件时，仓库监控室的绿灯亮	15	
	工件达到 200 件时，仓库监控室的红灯以 1 s 频率闪烁报警	15	
	整个电气控制系统调试正常，达到任务拟订的工作目标	5	
职业素养与安全意识	完成工作任务的所有操作，且符合安全操作规程	5	
	工具摆放、包装物品、导线线头等的处理符合职业岗位的要求，爱惜设备和器材，保持工位整洁	5	
本项目得分			

技能测试

1. 设计一个可以计数 100 万次的计数器。

（1）列出 I/O 地址分配表。

（2）编制 PLC 程序（梯形图）。

2. 某工厂通过 PLC 控制系统实现对两台电动机（M1、M2）的顺序控制。要求按下启动按钮，这两台电动机能相互协调运转，其动作要求如图 1-68 所示。M1 运转 10 s，停止 5 s，同时 M2 停 10 s，运转 5 s，M1 运行，M2 停，M2 运行，M1 停，如此反复动作 3 次后，M1、M2 均停止。

（1）列出 I/O 地址分配表。

（2）绘制 PLC 接线图。

（3）编制 PLC 程序（梯形图）。

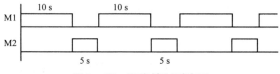

图 1-68 顺序控制时序图

3. 按下按钮 SB1，灯亮，7 s 后对按钮 SB2 进行计数，计满 10 个脉冲后，灯灭。再次按下按钮 SB1 重复上述过程。

（1）列出 I/O 地址分配表。

（2）编制 PLC 程序（梯形图）。

情境1.7 抢答器控制系统设计、编程与调试

一、用户需求

请设计一个抢答器控制系统,具体要求如下:

(1) 系统初始上电后,待主控人员在总控制台上按下"开始"按钮,各队人员才能开始抢答,即各队的抢答按钮有效。

(2) 在抢答过程中,1~4队中的任何一队抢先按下抢答按钮(S1、S2、S3、S4)后,该队指示灯(L1、L2、L3、L4)点亮,LED数码显示系统显示当前的队号,其他队的人员抢答无效。

(3) 主控人员对抢答状态确认后,按下"复位"按钮,系统又继续允许各队人员开始抢答;直至又有一队人员抢先按下抢答按钮。

二、需求分析

根据控制的需要选定输入/输出设备(选定发布控制信号的按钮、开关、传感器、热继电器触点等和选定执行控制任务的接触器、电磁阀、信号灯等);然后,把这些设备与PLC对应相连,编制PLC程序;最后,进行调试运行。抢答器控制系统的程序流程如图1-69所示,控制面板示意如图1-70所示。

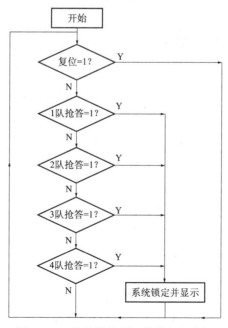

图1-69 抢答器控制系统的程序流程

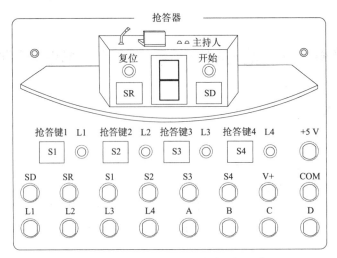

图1-70 抢答器控制系统的面板示意

三、相关资讯

(一)梯形图程序设计规则与梯形图优化

输入/输出继电器、内部辅助继电器、定时器、计数器等器件的触点可以多次重复使用,无须为了减少触点的使用次数而设计复杂的程序结构。

梯形图的每一行都从左母线开始,经过许多触点的串并联,最后用线圈终止于右母线。触点不能放在线圈的右边,任何线圈不能直接与左母线相连,如图1-71所示。

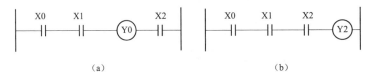

图1-71 触点不能放在线圈的右边
(a)错误的梯形图;(b)正确的梯形图

在梯形图中,除步进程序外,不允许同一编号的线圈多次输出(双线圈输出),如图1-72所示。

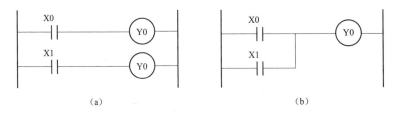

图1-72 不允许双线圈输出
(a)错误的梯形图;(b)正确的梯形图

为了减少程序的执行步数,在梯形图中,并联触点多的应放在左边,串联触点多的应放在上面。如图1-73所示,优化后的梯形图比优化前减少了一步。

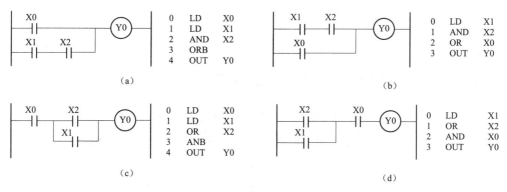

图 1-73 梯形图的优化

(a) 没优化的梯形图；(b) 对 (a) 优化后的梯形图；(c) 没优化的梯形图；(d) 对 (c) 优化后的梯形图

在使用梯形图时，应尽量使用连续输出，避免使用多重输出的堆栈指令，如图 1-74 所示，连续输出的梯形图比多重输出的梯形图在转化成指令程序时要简单许多。

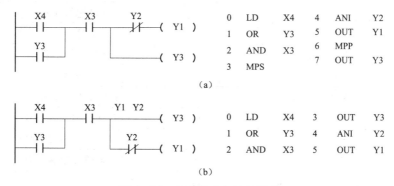

图 1-74 多重输出与连续输出

(a) 多重输出；(b) 连续输出

(二) PLC 程序设计常用的经验设计法

经验设计法就是在传统的继电器—接触器控制图和 PLC 典型控制电路的基础上，依据积累的经验进行翻译、设计修改和完善，最终得到优化的控制程序。

在继电器—接触器控制中，所有的继电器、接触器都是物理元件，其触点都是有限的。因而控制电路中要注意触点是否够用，要尽量合并触点。但在 PLC 中，所有的编程软元件都是虚拟器件，都有无数对内部触点供编程使用，不需要考虑怎样节省触点。

在继电器—接触器控制中，要尽量减少元器件的使用数量和缩短通电时间，以降低成本，节省电能和减小故障概率。但在 PLC 中，当 PLC 的硬件型号选定以后，其价格就确定了，所以在编制程序时，我们可以尽情地使用 PLC 丰富的内部资源，使程序功能更加强大和完善。

在继电器—接触器控制电路中，满足条件的各条支路是并行执行的，因而要考虑复杂的连锁关系和临界竞争。然而，在 PLC 中，由于 CPU 扫描梯形图的顺序是从上到下（串行）执行的，因此可以简化连锁关系，不用考虑临界竞争问题。

四、计划与实施

1. 分配 I/O 地址

抢答器控制系统的 I/O 地址分配及功能说明如表 1-18 所示。

表 1-18 抢答器控制系统的 I/O 地址分配及功能说明

序号	PLC 地址/PLC 端子	电气符号/面板端子	功能说明
1	X00	SD	启动
2	X01	SR	复位
3	X02	S1	1 队抢答
4	X03	S2	2 队抢答
5	X04	S3	3 队抢答
6	X05	S4	4 队抢答
7	Y00	1	1 队抢答显示
8	Y01	2	2 队抢答显示
9	Y02	3	3 队抢答显示
10	Y03	4	4 队抢答显示
11	Y04	A	数码控制端子 A
12	Y05	B	数码控制端子 B
13	Y06	C	数码控制端子 C
14	Y07	D	数码控制端子 D
15	主机（COM0、COM1、COM2、COM3）、面板 COM、八音盒 GND 接电源 GND，主机 S/S、面板 V+ 接电源 +24，面板 +5V 接电源 +5V		电源端
16	面板 SD 接八音盒 7		音乐

2. 绘制 PLC 接线图

根据分配的 I/O 地址，绘制抢答器控制系统的 PLC 接线图，如图 1-75 所示。

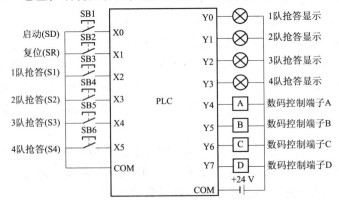

图 1-75 抢答器控制系统的 PLC 接线图

3. 编制 PLC 程序

抢答器控制系统的梯形图如图 1-76 所示，指令表如图 1-77 所示。

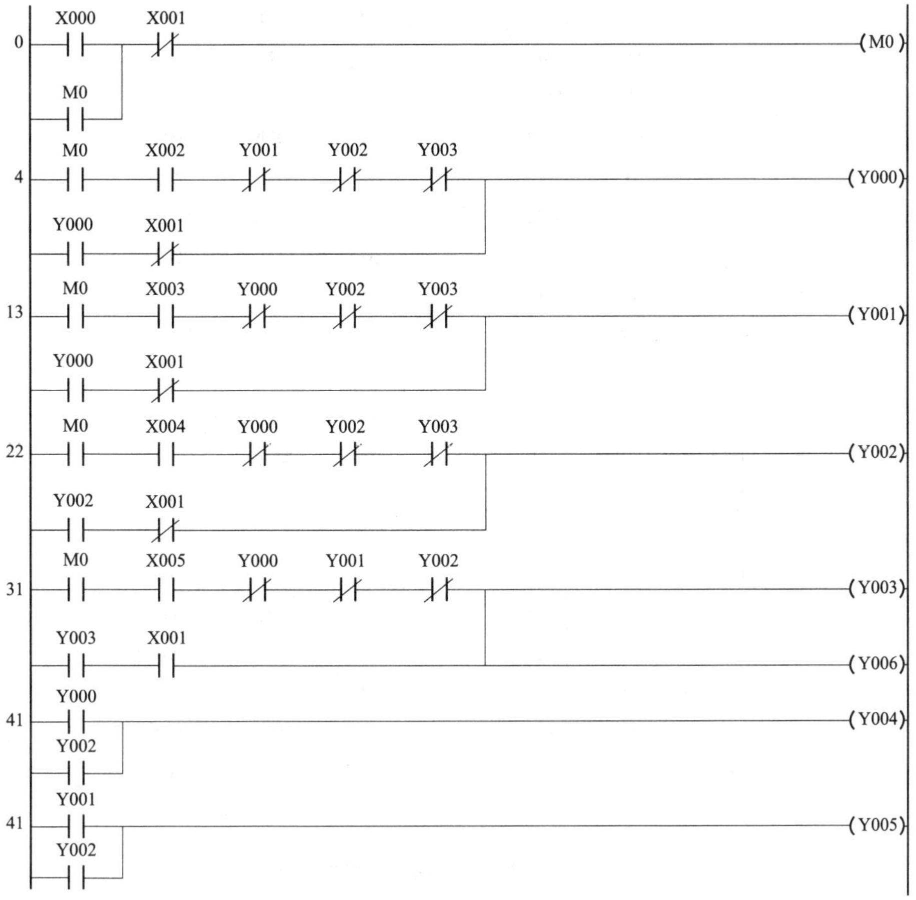

图 1-76 抢答器控制系统的梯形图

4. 接线并调试

（1）按照抢答器控制系统的 PLC 接线图（图 1-75）连接控制回路。

（2）将编译无误的控制程序下载至 PLC 后，将模式选择开关拨至 RUN 状态。

（3）分别点动"开始"开关，允许 1~4 队抢答。分别点动 S1~S4 按钮，模拟 4 个队进行抢答，观察并记录系统响应情况。

五、检查与评估

抢答器控制系统可以在 THPFSL-2 型可编程序控制器综合实训装置实施，学生单独完成，具体评估见表 1-19。

0	LD	X000		24	ANI	Y000
1	OR	M0		25	ANI	Y001
2	ANI	X001		26	ANI	Y003
3	OUT	M0		27	LD	Y002
4	LD	M0		28	ANI	X001
5	AND	X002		29	ORB	
6	ANI	Y001		30	OUT	Y002
7	ANI	Y002		31	LD	M0
8	ANI	Y003		32	AND	X005
9	LD	Y000		33	ANI	Y000
10	ANI	X001		34	ANI	Y001
11	ORB			35	ANI	Y002
12	OUT	Y000		36	LD	Y003
13	LD	M0		37	ANI	X001
14	AND	X003		38	ORB	
15	ANI	Y000		39	OUT	Y003
16	ANI	Y002		40	OUT	Y006
17	ANI	Y003		41	LD	Y000
18	LD	Y001		42	OR	Y002
19	ANI	X001		43	OUT	Y004
20	ORB			44	LD	Y001
21	OUT	Y001		45	OR	Y002
22	LD	M0		46	OUT	Y005
23	AND	X004		47	END	

图 1-77 抢答器控制系统的指令表

表 1-19 抢答器控制系统设计项目评分

评分项目	评分细则	配分	得分
控制系统电路设计	I/O 地址分配	5	
	PLC 接线图绘制	5	
	PLC 程序编制	20	
控制系统电路布线、排错、连接工艺	主电路布线、排错、连接工艺	10	
	控制电路布线、排错、连接工艺	15	
PLC 程序调试达到任务拟订的工作目标	主控人员在总控制台上按下"开始"按钮后，各队才能开始抢答	5	
	1~4 队中的任何一队抢先按下抢答按钮（S1、S2、S3、S4）后，该队的指示灯（L1、L2、L3、L4）点亮，LED 数码显示系统显示当前的队号，并且其他队的人员继续抢答无效	15	

续表

评分项目	评分细则	配分	得分
PLC 程序调试达到任务拟订的工作目标	主控人员按下"复位"按钮，系统又继续允许各队人员开始抢答；直至又有一队抢先按下抢答按钮	10	
	整个电气控制系统调试正常，达到任务拟订的工作目标	5	
职业素养与安全意识	完成工作任务的所有操作，且符合安全操作规程	5	
	工具摆放、包装物品、导线线头等的处理符合职业岗位的要求，爱惜设备和器材，保持工位整洁	5	
本项目得分			

技能测试

1. 设计一个监控系统，监视 3 台电动机的运转：如果 2 台及以上电动机在运转，信号灯就持续发亮；如果只有 1 台电动机在运转，信号灯就以 1 Hz 的频率闪烁；如果 3 台电动机都不运转，信号灯就以 2 Hz 的频率闪烁。

（1）列出 I/O 地址分配表。

（2）编制 PLC 程序（梯形图）。

2. 设计数码管循环显示数字（0、1、2、3、4、5、6、7、8、9）的控制系统，按下启动按钮，显示"0"，过 1 s 后显示"1"，过 1 s 后显示"2"，……，过 1 s 后显示"9"，过 1 s 后又显示"0"，如此循环，按下停止按钮，数码管停止显示。

（1）列出 I/O 地址分配表。

（2）编制 PLC 程序（梯形图）。

3. 供水泵控制系统（示意见图 1-78）包括手动控制和自动控制：

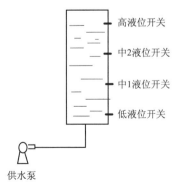

图 1-78 供水泵控制系统示意

手动控制：按下启动按钮，泵启动，向储水槽供水；按下停止按钮，泵停止。

自动控制：储水槽有高、中2、中1、低共4个液位开关，储水槽处于低位时，泵自动启动，向储水槽供水；储水槽处于高位时，泵停止。

灯指示：储水槽的不同水位对应3个指示灯，当储水槽低于低液位或高于高液位时，指示灯HL1和HL3以2 Hz闪烁；当储水槽高于低液位、低于中1液位时，指示灯HL1以1 Hz闪烁；当储水槽高于中1液位、低于中2液位时，指示灯HL2常亮；当储水槽高于中2低于高液位时，指示灯HL3以1 Hz闪烁。

（1）列出I/O地址分配表。

（2）编制PLC程序（梯形图）。

项目二

PLC 步进顺控系统设计、编程与调试

采用经验法及基本指令编程法编程时，存在工业动作表达烦琐、连锁关系处理复杂、可读性差等缺点。有没有一种易于理解，同时又能很清楚表达复杂工艺流程的编程方法呢？有，这就是接下来要学习的步进顺控编程法。

步进顺控编程法是 PLC 程序编制的重要方法。步进顺控编程法是先将系统的工作过程分解成若干阶段（若干步）后绘制状态转移图，再依据状态转移图设计步进梯形图及指令表。这样可以使程序设计工作思路更加清晰，不容易遗漏或者冲突。本项目主要介绍三菱 FX_{2N} 系列 PLC 的步进顺控编程思想、状态元件、状态转移图、步进顺控指令，以及单分支、选择分支、并行分支三种流程的编程方法。

项目二 PLC步进顺控系统设计、编程与调试

情境2.1 装配流水线控制系统设计、编程与调试（步进顺控编程法）

一、用户需求

某化工厂有一条装配生产流水线，各个环节的操作需要根据生产工艺流程按顺序进行。现需要设计一个电气控制系统来实现，具体要求如下：

装配流水线控制系统面板示意如图2-1所示，装配流水线中有操作工位A、B、C，运料工位D、E、F、G及仓库操作工位H。要求工件开始时从工位D送至操作工位A，在此工位完成相应加工后再传送至运料工位E，由E将工件送至操作工位B，……，依次传送及加工，直至工件被送至仓库操作工位H，由该工位完成对工件的入库操作，循环处理。断开"启动"开关，在最后一个工件被加工完成并入库后，系统自动停止工作。

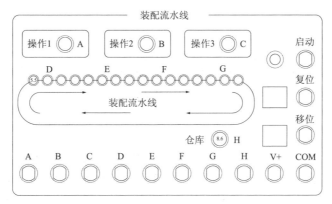

图2-1 装配流水线控制系统面板示意

二、需求分析

闭合"启动"开关，工件将顺序经过D→A→E→B→F→C→G→H这些步骤，最后入库（H），每个运送、加工步骤均需要一定的时间来完成（假设每个步骤需要5 s）。断开"启动"开关，在最后一个工件被加工完成并入库后，系统自动停止工作。

三、相关资讯

（一）步进顺控概述

一个控制过程可以分为若干阶段，这些阶段被称为状态或者步。状态与状态之间由转换条件分隔。当相邻两个状态之间的转换条件得到满足时，就实现状态转换。状态转移只有一种流向的称为单分支流程顺控结构。例如，自动小车的控制过程就只有一种顺序。

（二）FX系列PLC状态元件S

在FX系列PLC中，每个状态或者步都用一个状态元件表示。S0为初始步，也称为准

备步，表示初始准备是否到位。其他为工作步。

状态元件是构成状态转移图的基本元素，是可编程序控制器的软元件之一。FX_{2N}共有1000个状态元件，其分类、编号、数量及用途如表2-1所示。

表2-1 FX_{2N}系列的状态元件

类别	元件编号	个数	用途及特点
初始状态	S0 ~ S9	10	用作SFC图的初始状态
返回状态	S10 ~ S19	10	在多运行模式控制中，用作返回原点的状态
通用状态	S20 ~ S499	480	用作SFC图的中间状态，表示工作状态
掉电保持状态	S500 ~ S899	400	具有停电保持功能，在停电恢复后需继续执行的场合，可用这些状态元件
信号报警状态	S900 ~ S999	100	用作报警元件

注：
① 状态的编号必须在指定范围内选择。
② 各状态元件的触点，在PLC内部可自由使用，次数不限。
③ 在不用步进顺控指令时，状态元件可作为辅助继电器在程序中使用。
④ 通过参数设置，可改变一般状态元件和掉电保持状态元件的地址分配。

（三）状态转移图（SFC）的画法

状态转移图（SFC）也称功能表图，用于描述控制系统的控制过程，具有简单、直观的特点，是设计PLC顺控程序的一种有力工具。状态转移图中的状态有驱动动作、转移目标和转移条件三个要素。其中，转移目标和转移条件是必不可少的，而驱动动作则视具体情况而定，也可能没有实际的动作。如图2-2所示，在初始步S0，没有驱动动作，S20为其转移目标，X0、

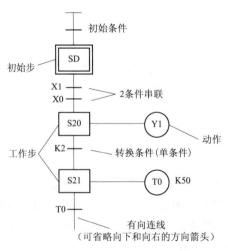

图2-2 状态转移图的画法

X1 为串联的转移条件；在 S20 步，Y1 为其驱动动作，S21 为其转移目标，X2 为其转移条件。

步与步之间的有向连线表明流程的方向，向下和向右的箭头可以省略。图 2-2 中的流程方向始终向下，因而省略了箭头。

（四）状态转换的实现

步与步之间的状态转换需满足两个条件：一是前级步必须是活动步；二是对应的转换条件要成立。满足上述两个条件就可以实现步与步之间的转换。值得注意的是，一旦后续步转换成功成为活动步，前级步就要复位成为非活动步。

这样，状态转移图的分析就变得条理十分清楚，无须考虑状态之间的繁杂连锁关系，可以理解为"只干自己需要干的事，无须考虑其他"。另外，这也方便了程序的阅读理解，使程序的试运行、调试、故障检查与排除变得非常容易，这就是步进顺控设计法的优点。

（五）FX 系列 PLC 的步进顺控指令

步进顺控编程的思想就是依据状态转移图，从初始步开始，首先编制各步的动作，再编制转换条件和转换目标。这样一步一步地将整个控制程序编制完毕。FX 系列 PLC 有两条专用于编制步进顺控程序的指令——STL 和 RET。

STL：步进触点驱动指令。

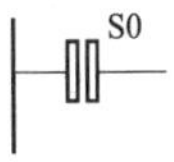

STL 指令表示取某步状态元件的常开触点与母线连接，如图 2-3 所示。使用 STL 指令的触点称为步进触点。STL 指令有主控含义，即 STL 指令后面的触点要用 LD 指令或 LDI 指令。STL 指令有自动将前级步复位的功能，即在状态转换成功的第 2 个扫描周期自动将前级步复位。因此，使用 STL 指令编程时不考虑前级步的复位问题。

图 2-3 STL 指令

RET：步进返回指令。

一系列 STL 指令的后面，在步进程序的结尾处必须使用 RET 指令，表示步进顺控功能（主控功能）结束，如图 2-4 所示。

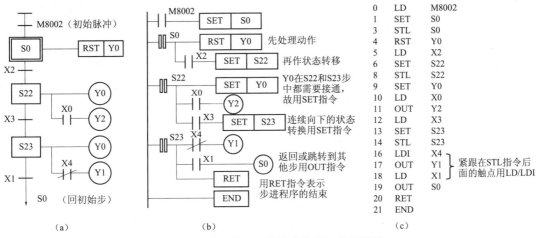

图 2-4 步进梯形图和指令表程序编制举例

(a) 状态转移图；(b) 步进梯形图；(c) 指令表

（六）步进梯形图和指令语句表编程

依据状态转移图，用步进顺控指令 STL、RET 编制的梯形图程序和指令表程序如图 2-4 所示，需要注意以下几点：

（1）先进行驱动动作处理，然后进行状态转移处理，不能颠倒。

（2）驱动步进触点用 STL 指令，驱动动作用 OUT 指令。若某一动作在连续的几步中都需要被驱动，则用 SET/RST 指令。

（3）接在 STL 指令后面的触点用 LD/LDI 指令，连续向下的状态转换用 SET 指令，否则用 OUT 指令。

（4）CPU 只执行活动步对应的电路块，因此，步进梯形图允许双线圈输出。

（5）相邻两步的动作若不能同时被驱动，则需要安排相互制约的连锁环节。

（6）步进顺控的结尾必须使用 RET 指令。

（七）步进顺控程序的其他编制方式

步进顺控程序也可以不用步进指令而用其他方式进行编制，如启保停电路方式、置位复位电路方式等，如图 2-5 所示。这两种方式既可以用状态器直接表示步状态进行编程，也可以用辅助继电器 M 代替状态器进行编程。需要注意的是，采用这两种方式编制程序时，一定要处理好前级步的复位问题，因为只有步进指令 STL 才能自动将前级步复位，其他指令没有这个功能。另外还要注意不要出现双线圈。

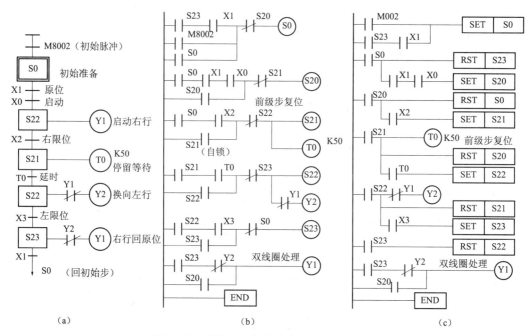

图 2-5 不用 STL 指令的小车步进顺控程序

(a) 状态转移图；(b) 启保停方式的步进梯形图；(c) 置位复位方式的步进梯形图

1. 启保停方式

采用启保停方式编制步进顺控程序时，要注意处理好每一步的自锁和前级步的复位问题，还要注意处理好双线圈的问题，如图 2-5（b）所示。图中的每一步都用自身的常开触点自锁,用后续步的常闭触点切断前级步的线圈让其复位,呈现"启保停"方式。各步的驱动动作可以和状态器线圈并联。S20步的动作和S23步的动作都是驱动Y1,为了不出现双线圈,将两步的常开触点并联后驱动Y1。

2. 置位复位方式

采用置位复位方式编制步进顺控程序时,也要注意处理好前级步的复位问题和双线圈的输出问题,如图2-5(c)所示。图中的每一步都是先处理动作,再将前级步复位,最后用转移条件将后续步置位,所以称为"置位复位"方式。

四、计划与实施

1. 分配 I/O 地址

装配流水线控制系统的 I/O 地址分配及功能如表2-2所示。

表2-2 装配流水线控制系统的 I/O 地址分配及功能

序号	PLC 地址/PLC 端子	电气符号/面板端子	功能说明
1	X00	SD	启动(SD)
2	Y00	A	工位 A 动作
3	Y01	B	工位 B 动作
4	Y02	C	工位 C 动作
5	Y03	D	运料工位 D 动作
6	Y04	E	运料工位 E 动作
7	Y05	F	运料工位 F 动作
8	Y06	G	运料工位 G 动作
9	Y07	H	仓库操作工位 H 动作
10	主机(COM0、COM1、COM2、COM3)、面板 COM 接电源 GND,主机 S/S、面板 V+ 接电源 +24 V		电源端

2. 绘制 PLC 接线图

根据分配的 I/O 地址,绘制装配流水线控制系统的 PLC 接线图,如图2-6所示。

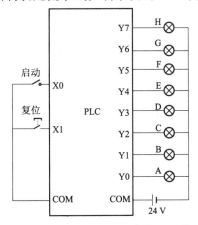

图2-6 装配流水线控制系统的 PLC 接线图

3. 装配流水线控制系统的状态转移图（SFC）

装配流水线控制系统的状态转移图如图 2-7 所示。

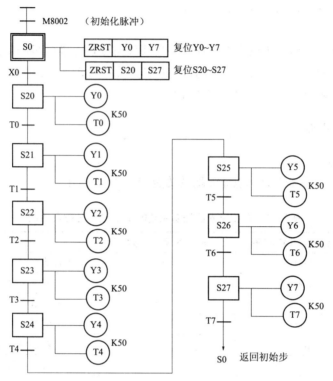

图 2-7 装配流水线控制系统的状态转移图

4. 装配流水线控制系统的 PLC 程序

装配流水线控制系统的 PLC 程序如图 2-8 所示。

5. 接线并调试

（1）检查实训设备中的器材及调试程序。

（2）按照 I/O 地址分配表或 PLC 接线图完成 PLC 与模块之间的接线，认真检查，确保正确无误。

（3）打开示例程序或用户自己编写的控制程序，进行编译，有错误时根据提示信息修改，直至无误，用 SC-09 通信编程电缆连接计算机串口与 PLC 通信口，打开 PLC 主机电源开关，下载程序至 PLC 中，下载完毕后将 PLC 的"RUN/STOP"开关拨至"RUN"状态。

（4）闭合"启动"开关后，系统进入自动运行状态，调试装配流水线控制程序并观察自动运行模式下的工作状态。

（5）断开"启动"开关后，观察系统响应情况。

五、检查与评估

装配流水线控制系统可以在 THPFSL-2 型可编程序控制器综合实训装置实施，两人一组完成，具体评分见表 2-3。

项目二 PLC 步进顺控系统设计、编程与调试

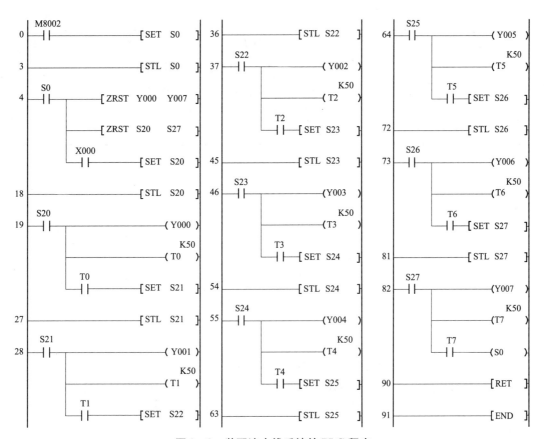

图 2-8 装配流水线系统的 PLC 程序

表 2-3 装配流水线控制系统设计、编程与调试项目评分

评分项目	评分细则	配分	得分
控制系统电路设计	I/O 地址分配	5	
	PLC 接线图绘制	5	
	PLC 程序编制	20	
控制系统电路布线、排错、连接工艺	主电路布线、排错、连接工艺	10	
	控制电路布线、排错、连接工艺	15	
PLC 程序调试达到任务拟订的工作目标	闭合启动开关,工件从工位 D 送至操作工位 A,在此工位完成相应加工后再传送至运料工位 E,由 E 将工件送至操作工位 B,……,依次传送及加工,直至工件被送至仓库操作工位 H,完成一次入库操作	15	
	"启动"开关闭合的情况下,入库操作能循环进行	5	
	断开"启动"开关,最后一个工件被加工完成并入库后,系统停止	10	
	整个电气控制系统调试正常,达到任务拟订的工作目标	5	

评分项目	评分细则	配分	得分
职业素养与安全意识	完成工作任务的所有操作，且符合安全操作规程	5	
	工具摆放、包装物品、导线线头等的处理符合职业岗位的要求，爱惜设备和器材，保持工位整洁	5	
本项目得分			

技能测试

1. 步进顺控的两条指令为：步进触点驱动指令_____和步进返回指令_____。
2. PLC 的状态转移图中的状态有_____、_____、_____3 个要素。
3. 电动机反复运行试验：按下启动按钮，电动机向左运行 7 s 后停止 10 s，然后向右运行 7 s 后再停止 10 s，反复运行 1 h 后停止运行，并报警。

   （1）列出 I/O 地址分配表。

   （2）绘制 PLC 接线图。

   （3）编制 PLC 程序（状态转移图或梯形图）。

4. 自动线装卸操作过程：料车开始时在原位，按下启动按钮后，装料漏斗自动加料 20 s 后关闭，延时 5 s 后，料车前行至卸料位，停止 1 s，料车自动卸料 15 s 后回到原位并停止，等待下次装料。

   （1）列出 I/O 地址分配表。

   （2）绘制 PLC 接线图。

   （3）编制 PLC 程序（状态转移图或梯形图）。

情境 2.2　十字路口交通灯控制系统设计、编程与调试

一、用户需求

某企业接到一个十字路口交通灯控制系统设计任务，面板示意如图 2-9 所示。十字路口分东、西、南、北 4 个行车方向。正常情况下，通行方向（如南北方向）车道上的车辆在交通路口的绿灯亮时通行（此时东西方向车道上红灯亮），延时一段时间后绿灯开始闪烁，闪烁一段时间后绿灯灭、黄灯亮，此时未过线的车辆停止行驶，已过线的车辆继续行驶，延时一段时间后，黄灯灭、红灯亮（此时东西方向绿灯亮，此方向的车辆开始行驶）。

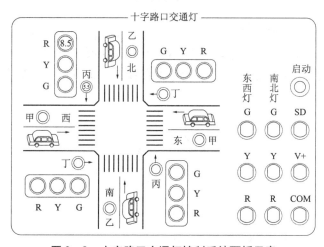

图 2-9　十字路口交通灯控制系统面板示意

二、需求分析

该十字路口交通灯控制系统需要同时控制东西和南北两个通行方向的红、黄、绿三种灯的亮灭状态，这种结构被称为并行分支结构，可以采用并行分支结构的步进顺控编程方法来进行设计。

三、相关资讯

（一）并行分支结构

并行分支结构是指同时处理多个程序流程。如图 2-10 所示，当 S20 步被激活成为活动步后，若转换条件 X0 成立就同时执行 S21、S31、S41 三支程序。

S50 为汇合状态，由 S22、S32、S42 三个状态共同驱动，当这三个状态都成为活动步且转换条件 X4 成立时，汇合转换成 S50 步。

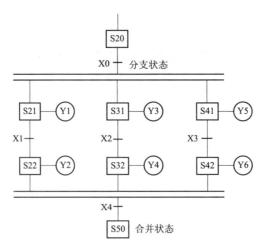

图 2-10 并行分支结构的状态转移图

(二) 并行分支、汇合的编程

并行分支、汇合的编程原则是先集中处理分支转移情况，然后按从左到右的顺序处理各分支程序，最后集中处理汇合状态，步进梯形图如图 2-11 所示。根据步进梯形图可以写出指令表程序。

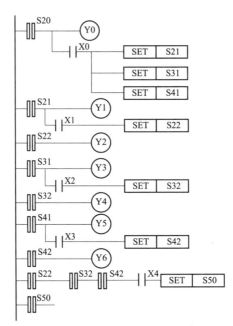

图 2-11 并行分支的步进梯形图

(三) 并行分支结构编程的注意事项

(1) 并行分支结构最多能实现 8 个分支的汇合。

(2) 在并行分支、汇合处不允许有如图 2-12 (a) 所示的转移条件，而必须将其转化为如图 2-12 (b) 所示的结构后再进行编程。

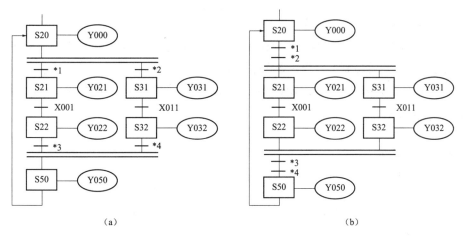

图 2-12 并行分支、汇合处的编程
(a) 不正确；(b) 正确

（四）流程跳转的程序编制

流程跳转分为单流程内的跳转执行与单流程之间的跳转执行，如图 2-13 所示。在编制指令表程序时，所有跳转均使用 OUT 指令。图 2-13（a）、（b）均为单流程内的跳转；图 2-13（c）为一个单流程向另一个单流程的跳转；图 2-13（d）为复位跳转，是指当执行到终结时状态自动清零。编制指令表程序时，复位跳转用 RST 指令。

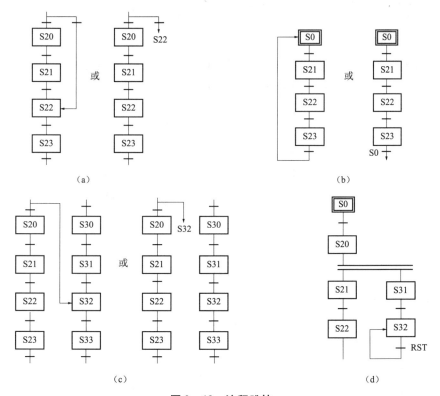

图 2-13 流程跳转
(a) 向后跳转；(b) 向前跳转；(c) 向另外程序跳转；(d) 复位跳转

(五) 正确的分支与汇合的组合及其编程

对于复杂的分支与汇合的组合，不允许上一个汇合还没完成就直接开始下一个分支。若确实必要，需在上一个汇合完成到下一个分支开始之间加入虚拟状态，使其上一个汇合真正完成好以后再进入下一个分支。虚拟状态在这里没有实质性意义，只是从状态转移图的结构上具备合理性。

四、计划与实施

1. 分配 I/O 地址

十字路口交通灯控制系统的 I/O 地址分配及功能说明如表 2-4 所示。

表 2-4 十字路口交通灯控制系统的 I/O 地址分配及功能说明

序号	PLC 地址/PLC 端子	电气符号/面板端子	功能说明
1	X00	启动	启/停系统
2	Y00	南北灯 G	南北方向的绿灯
3	Y01	南北灯 Y	南北方向的黄灯
4	Y02	南北灯 R	南北方向的红灯
5	Y03	东西灯 G	东西方向的绿灯
6	Y04	东西灯 Y	东西方向的黄灯
7	Y05	东西灯 R	东西方向的红灯
8	主机（COM0、COM1、COM2、COM3）、面板 COM 接电源 GND，主机 S/S、面板 V+接电源 +24 V		电源端

2. 绘制 PLC 接线图

根据分配的 I/O 地址，绘制十字路口交通灯控制系统的 PLC 接线图，如图 2-14 所示。

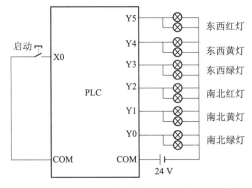

图 2-14 十字路口交通灯控制系统的 PLC 接线图

3. 设计十字路口交通灯控制系统的状态转移图

根据控制要求，绘制的状态转移图如图 2-15 所示。按下启动按钮后，系统进入并行运行状态，南北方向车道绿灯亮、东西方向车道红灯亮，并且开始延时。30 s 后，南北方向绿灯开始闪烁（频率 1 Hz），共计 5 s，然后黄灯亮，再经 10 s 后变为红灯（此时东西方向应变为绿灯）。东西方向通行后，灯的状态变化与南北方向相同，不再赘述。上述红、黄、绿三种灯的亮灭时间仅供参考，同学们也可以自行设定，但要注意合理性。

4. 编制 PLC 程序

根据上述状态转移图，编制的步进梯形图程序和指令表程序分别如图 2-16 和图 2-17 所示。程序中"绿灯闪烁 5 s"用 T4 定时器串联特殊辅助继电器 M8013 完成。图 2-17 所示为图 2-16 中梯形图程序转换得到的对应指令表。

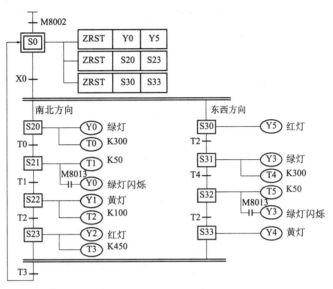

图 2-15 十字路口交通灯控制系统的状态转移图

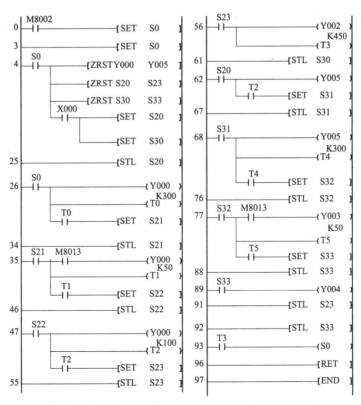

图 2-16 十字路口交通灯控制系统的步进梯形图

0	LD	M8002		40	OUT	T1	K50	73	AND	T4	
1	SET	S0		43	AND	T1		74	SET	S32	
3	STL	S0		44	SET	S22		76	STL	S32	
4	LD	S0		46	STL	S22		77	LD	S32	
5	ZRST	Y000	Y005	47	LD	S22		78	MPS		
10	ZRST	S20	S23	48	OUT	Y001		79	AND	M8013	
15	ZRST	S30	S33	49	OUT	T2	K100	80	OUT	Y003	
20	AND	X000		52	AND	T2		81	MPP		
21	SET	S20		53	SET	S23		82	OUT	T5	K50
23	SET	S30		55	STL	S23		85	AND	T5	
24	STL	S20		56	LD	S23		86	SET	S33	
26	LD	S20		57	OUT	Y002		88	STL	S33	
27	OUT	Y000		58	OUT	T3	K450	89	LD	S33	
28	OUT	T0	K300	61	STL	S30		90	OUT	Y004	
31	AND	T0		62	LD	S30		91	STL	S23	
32	SET	S21		63	OUT	Y005		92	STL	S33	
34	STL	S21		64	AND	T2		93	LD	T3	
35	LD	S21		65	SET	S31		94	OUT	S0	
36	MPS			67	STL	S31		96	RET		
37	AND	M8013		68	LD	S31		97	END		
38	OUT	Y000		69	OUT	Y003		98			
39	MPP			70	OUT	T4	K300				

图 2-17 十字路口交通灯控制系统的指令表

5. 接线并调试

(1) 检查实训设备中的器材及调试程序。

(2) 按照 I/O 地址分配或 PLC 接线图完成 PLC 与模块之间的接线,认真检查,确保正确无误。

(3) 打开示例程序或用户自己编写的控制程序,进行编译。出现错误时,根据提示信息修改,直至无误。用 SC-09 通信编程电缆连接计算机串口与 PLC 通信口,打开 PLC 主机电源开关,下载程序至 PLC 后,将 PLC 的"RUN/STOP"开关拨至"RUN"状态。

(4) 闭合"启动"开关后,系统进入自动运行状态,调试十字路口交通灯控制程序并观察自动运行模式下的工作状态。

五、检查与评估

十字路口交通灯控制系统可以在 THPFSL-2 型可编程序控制器综合实训装置实施,两人一组完成,具体评分见表 2-5。

表 2-5 十字路口交通灯控制系统设计、编程与调试项目评分

评分项目	评分细则	配分	得分
控制系统电路设计	I/O 地址分配	5	
	PLC 接线图绘制	5	
	PLC 程序编制	20	
控制系统电路布线、排错、连接工艺	主电路布线、排错、连接工艺	10	
	控制电路布线、排错、连接工艺	15	

续表

评分项目	评分细则	配分	得分
PLC 程序调试达到任务拟订的工作目标	按下启动按钮，系统进入并行运行状态，南北方向车道绿灯亮、东西方向车道红灯亮	5	
	系统进入运行状态后，开始延时。30 s 后，南北方向绿灯开始闪烁（频率 1 Hz），共计 5 s，然后变为黄灯亮，再经 10 s 后变为红灯亮（此时东西方向应变为绿灯亮）	15	
	东西方向通行后，灯的状态变化与南北方向相同	10	
	整个电气控制系统调试正常，达到任务拟订的工作目标	5	
职业素养与安全意识	完成工作任务的所有操作，且符合安全操作规程	5	
	工具摆放、包装物品、导线线头等的处理符合职业岗位的要求，爱惜设备和器材，保持工位整洁	5	
本项目得分			

技能测试

某十字路口交通灯控制，东西方向车和南北方向车各通行 30 s，周而复始。南北方向通行时，东西方向红灯亮 30 s，南北方向绿灯先亮 22 s，再闪 4 s，后黄灯亮 4 s；东西方向通行时，南北方向红灯亮 30 s，东西方向绿灯先亮 22 s，再闪 4 s，然后黄灯亮 4 s。

(1) 列出 I/O 地址分配表。

(2) 绘制 PLC 接线图。

(3) 编制 PLC 程序（状态转移图或梯形图）。

情境2.3 邮件分拣控制系统设计、编程与调试

一、用户需求

某企业接到邮件自动分拣系统设计任务,面板示意如图2-18所示。启动后,绿灯L1亮表示可以进邮件,S1闭合时表示模拟检测邮件的光信号检测到了邮件,拨码器模拟邮件的邮码,从拨码器读到的邮码正常值为1、2、3、4、5,若是此5个数中的任一个,则红灯L2亮,电动机M0运行,将邮件分拣至对应邮箱内,完成后L2灭。若此时L1仍亮,表示可以继续分拣邮件。启动开关断开后,系统停止运行。

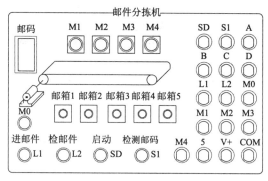

图2-18 邮件分拣控制系统面板示意

二、需求分析

该分拣系统的特点是在作业过程中需要做出选择,让不同邮码的邮件进入不同的邮箱,可以采用选择性分支结构的步进顺控编程方法来设计。

三、相关资讯

(一)选择性分支结构

从多个分支流程中选择执行某一个单支流程,称为选择性分支结构,如图2-19所示。图中S20为分支状态,该状态转移图在S20步以后分成三个分支,供选择执行。

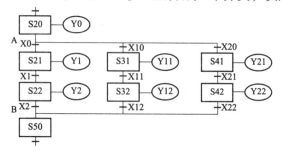

图2-19 选择性分支结构的状态转移图

当 S20 步被激活成为活动步后，若转换条件 X0 成立就执行 S21 的程序，若 X10 成立就执行 S31 的程序，若 X20 成立则执行 S41 的程序，转换条件 X0、X10 及 X20 不能同时成立。S50 为汇合状态，可由 S22、S32、S42 任一状态驱动。

（二）选择性分支结构的编程

选择性分支结构的编程原则是先集中处理分支转移情况，然后依顺序进行各分支程序处理和汇合状态，如图 2-20 所示。

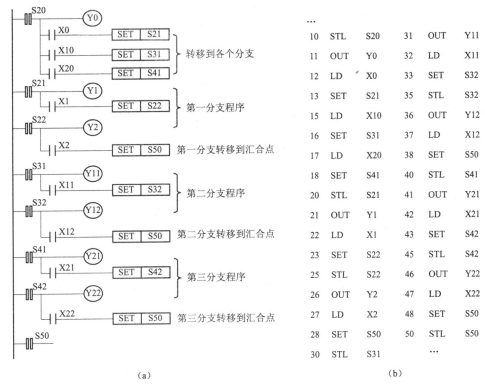

(a)　　　　　　　　　　　　　(b)

图 2-20　选择性分支结构的编程
(a) 梯形图；(b) 指令表

（三）单流程与多流程状态转移图

由一个初始状态开始的状态转移图，不管是否带有分支与汇合，均为单流程状态转移图。前述各例均为单流程。在比较复杂的控制系统中，允许用多个初始状态分别编制单流程状态转移图。多个单流程状态转移图构成多流程状态转移图。编制多个单流程状态转移图的原则是：初始状态不能重复；所有通用状态元件不能重复，不能交叉，但可以断续；系统执行时按照初始状态编号由小到大依次进行。编制指令表程序时，应先编制低号初始状态的单流程，完成后再编制高一号的初始状态单流程，以后顺序编制。

四、计划与实施

1. 分配 I/O 地址

邮件分拣控制系统的 I/O 地址分配及功能如表 2-6 所示。

表 2−6　邮件分拣控制系统的 I/O 地址分配及功能说明

序号	PLC 地址/PLC 端子	电气符号/面板端子	功能说明
1	X00	SD	启动开关
2	X01	S1	检测邮码按钮
3	X02	A	BCD 码 A
4	X03	B	BCD 码 B
5	X04	C	BCD 码 C
6	X05	D	BCD 码 D
7	Y00	L1	进邮件
8	Y01	L2	检邮件
9	Y02	M0	传送电动机
10	Y03	M1	邮箱 1
11	Y04	M2	邮箱 2
12	Y05	M3	邮箱 3
13	Y06	M4	邮箱 4
14	Y07	5	邮箱 5
15	主机（COM0、COM1、COM2、COM3）、面板 COM 接电源 GND，主机 S/S、面板 V + 接电源 + 24 V		电源端

2. 绘制 PLC 接线图

根据分配的 I/O 地址，绘制邮件分拣控制系统的 PLC 接线图，如图 2−21 所示。

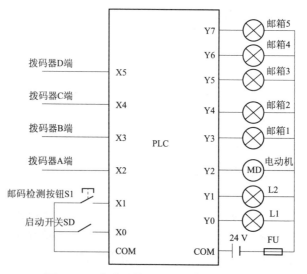

图 2−21　邮件分拣控制系统的 PLC 接线

3. 设计邮件分拣控制系统的状态转移图

根据控制要求画出邮件分拣控制系统的状态转移图，如图 2−22 所示。从 PLC 得到拨码器的邮码时进入选择分支，根据相应的邮码执行相应的分支程序。

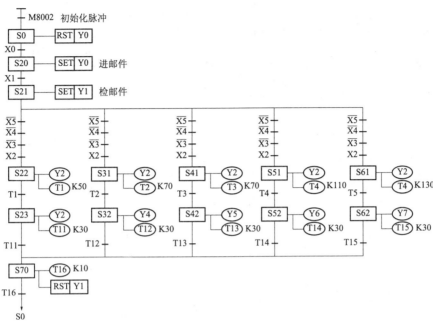

图 2-22 邮件分拣控制系统的状态转移图

4. 编制 PLC 程序

根据图 2-22 所示的邮件分拣系统状态转移图,可以很容易得到相应的步进梯形图(图 2-23)和指令表(图 2-24)。

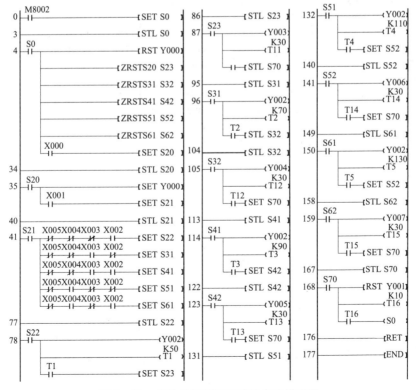

图 2-23 邮件分拣控制系统的步进梯形图

步	指令	操作数		步	指令	操作数		步	指令	操作数	
0	LD	M8002		68	SET	S51		131	STL	S51	
1	SET	S0		70	MPP			132	LD	S51	
3	STL	S0		71	ANI	X005		133	OUT	Y002	
4	LD	S0		72	AND	X004		134	OUT	T4	K110
5	RST	Y000		73	ANI	X003		137	AND	T4	
6	ZRST	S20	S23	74	AND	X002		138	SET	S52	
11	ZRST	S31	S32	75	SET	S61		140	STL	S52	
16	ZRST	S41	S42	77	STL	S22		141	LD	S52	
21	ZRST	S51	S52	78	LD	S22		142	OUT	Y006	
26	ZRST	S61	S62	79	OUT	Y002		143	OUT	T14	K30
31	AND	X000		80	OUT	T1	K50	146	AND	T14	
32	SET	S20		83	AND	T1		147	SET	S70	
34	STL	S20		84	SET	S23		149	STL	S61	
35	LD	S20		86	STL	S23		150	LD	S61	
36	SET	Y000		87	LD	S23		151	OUT	Y002	
37	AND	X001		88	OUT	Y003		152	OUT	T5	K130
38	SET	S21		89	OUT	T11	K30	155	AND	T5	
40	STL	S21		92	AND	T11		156	SET	S62	
41	LD	S21		93	SET	S70		158	STL	S62	
42	MPS			95	STL	S31		159	LD	S62	
43	ANI	X005		96	LD	S31		160	OUT	Y007	
44	ANI	X004		97	OUT	Y002		161	OT	T15	K30
45	ANI	X003		98	OUT	T2	K30	164	AND	T15	
46	AND	X002		101	AND	T2		165	SET	S70	
47	SET	S22		102	SET	S32		167	STL	S70	
49	MRD			104	STL	S32		168	LD	S70	
50	ANI	X005		105	LD	S32		169	RST	Y001	
51	ANI	X004		106	OUT	Y004		170	OUT	Y16	K10
52	AND	X003		107	OUT	T12	K30	173	AND	Y16	
53	ANI	X002		110	AND	T12		174	OUT	S0	
54	SET	S31		111	SET	S70		176	RET		
56	MRD			113	STL	S41		177	END		
57	ANI	X005		114	LD	S41		178			
58	ANI	X004		115	OUT	Y002					
59	AND	X003		116	OUT	T3	K90				
60	AND	X002		119	AND	T3					
61	SET	S41		120	SET	S42					
63	MRD			122	STL	S42					
64	ANI	X005		123	LD	S42					
65	AND	X004		124	OUT	Y005					
66	ANI	X003		125	OUT	T13	K30				
67	ANI	X002		128	AND	T13					

图 2-24 邮件分拣控制系统的指令表

5. 接线并调试

（1）检查实训设备中的器材及调试程序。

（2）按照 PLC 接线图完成 PLC 与模块之间的接线，认真检查，确保正确无误。

（3）打开示例程序或用户自己编写的控制程序，进行编译。出现错误时，根据提示信息修改，直至无误。用 SC-09 通信编程电缆连接计算机串口与 PLC 通信口，打开 PLC 主机电源开关，下载程序至 PLC 后，将 PLC 的"RUN/STOP"开关拨至"RUN"状态。

(4) 按下启动按钮，绿灯 L1 亮，表示可以进邮件。

(5) 将拨码器拨到 1、2、3、4、5 中的任一个数。

(6) 按下 S1 按钮，表示模拟检测邮件的光信号检测到了邮件。

(7) 检邮件 L2 亮，电动机 M0 运行，将邮件分拣至相应邮箱内，完成后 L2 灭。若此时 L1 仍亮，表示可以继续分拣邮件。

五、检查与评估

邮件分拣控制系统可以在 THPFSL－2 型可编程序控制器综合实训装置实施，两人一组完成，具体评分见表 2-7。

表 2-7 邮件分拣控制系统设计、编程与调试项目评分

评分项目	评分细则	配分	得分
控制系统电路设计	I/O 地址分配	5	
	PLC 接线图绘制	5	
	PLC 程序编制	20	
控制系统电路布线、排错、连接工艺	主电路布线、排错、连接工艺	10	
	控制电路布线、排错、连接工艺	15	
PLC 程序调试达到任务拟订的工作目标	启动开关合上后，绿灯 L1 亮	5	
	在 S1 检测到邮件、拨码器读到邮码的正常值后，红灯 L2 亮，电动机 M0 运行，将邮件分拣至对应邮箱内	15	
	完成邮件分拣后，红灯 L2 灭	5	
	启动开关断开后，系统停止运行	5	
	整个电气控制系统调试正常，达到任务拟订的工作目标	5	
职业素养与安全意识	完成工作任务的所有操作，且符合安全操作规程	5	
	工具摆放、包装物品、导线线头等的处理符合职业岗位的要求，爱惜设备和器材，保持工位整洁	5	
本项目得分			

技能测试

1. 某品牌洗衣机的控制要求：按下启动按钮，洗衣机进水，水平面到达高水位后停止进水，洗衣机开始洗涤。洗涤方式有标准方式和快速方式，分别如下所述：

标准方式：正转洗涤 30 s 停止 5 s，再反转洗涤 30 s 停止 5 s，如此循环 2 次，洗涤结

束。然后排水到低水位后脱水 10 s（同时排水），从而完成从进水到脱水的第一次洗涤，经过两次如此洗涤后，洗衣机完成洗涤并报警，5 s 后洗衣机自动停止工作。

快速方式：正转洗涤 20 s 停止 5 s，循环 3 次，然后排水到低水位时脱水 10 s（同时排水），洗涤结束，洗衣机报警，5 s 后洗衣机自动停止工作。

（1）列出 I/O 地址分配表。

（2）编制 PLC 程序（状态转移图或梯形图）。

2. 如图 2-25 所示，某小车在 A、B、C 三点之间来回移动，一个周期的工作过程为：原位在 A 点，按下启动按钮后，小车从 A 点前进至 B 点，碰到行程开关 SQ1 后返回至 A 点，碰到行程开关 SQ2 后又前进，经过 B 点时不停，直接运行到 C 点，碰到行程开关 SQ3 后，返回至 A 点，完成一个周期后循环。按下停止按钮时，小车完成当前运行周期后，回到 A 点停止。

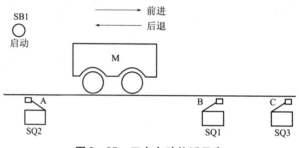

图 2-25 三点自动往返示意

请完成一个 PLC 的设计报告。报告内容包括控制任务分析、详细 I/O 地址分配表、PLC 接线图及主电路图、状态转移图、PLC 程序。

项目三

基于功能指令的 PLC 控制系统设计、编程与调试

在工业自动化控制领域中，许多场合需要数据运算和特殊处理。因此，现代 PLC 中引入了功能指令（或称为应用指令）。功能指令主要用于数据的传送、运算、变换及程序控制等功能。本项目主要介绍三菱 FX_{2N} 系列 PLC 的各种数据类软元件的组成和用法、功能指令的表示方法和使用要素，以及常用的传送比较指令、运算指令、数据处理指令及程序控制指令等。

项目三 基于功能指令的 PLC 控制系统设计、编程与调试

情境 3.1 LED 数码显示控制系统设计、编程与调试

一、用户需求

某广告公司需要设计一个 LED 数码显示控制系统,在这个控制系统中,当打开控制开关时,LED 数码管能按照一定的顺序显示数字。具体要求如下:

(1) 当打开控制开关 K0 后,LED 数码显示管能依次循环显示 0、1、2、…、9,每一个数字的显示时间为 2 s。

(2) 关闭控制开关 K0 后,LED 数码显示管就停止显示,且系统停止工作。

二、需求分析

图 3-1 所示为 LED 数码显示控制系统的控制面板示意。该控制面板包含 1 个 LED 数码管、1 个控制开关 K0、4 个控制端子(A、B、C、D)。根据 4 个控制端子的得电情况,LED 数码管显示不同的数字。简单来说,就是把 DCBA 的二进制信号转换成十进制数,在 LED 数码管上显示出来。

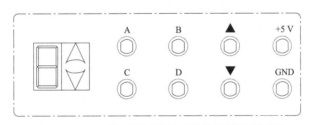

图 3-1 LED 数码显示控制系统的控制面板示意

本任务的硬件接线部分很简单,只需要把控制开关 K0 接到 PLC 的输入端,把 4 个控制端子(A、B、C、D)接到 PLC 的输出端子,再接通电源部分就可以了。但是,本任务的软件设计部分需要考虑输出端子的 10 种不同组合方式来显示 0、1、2、…、9 这 10 个数字,如果仍然采用之前的基本逻辑指令,程序的步骤就会较多,比较复杂。有没有更简单的办法呢?有,那就是使用功能指令。

三、相关资讯

在 PLC 中,基本逻辑指令的操作对象都是位元件(如 Y0、M0 等),主要用于开关量信息的处理,在编程时需要一个一个地表示。然而,功能指令的操作对象是字元件或者位组合元件,就是将相同类别的相邻位元件组合在一起作为字存储单位。因此,与使用基本逻辑指令编制的程序相比,使用功能指令编制的程序更简单,而且功能更强大。

(一) 功能指令的操作数——FX$_{2N}$ 系列 PLC 的数据类软元件

1. 数据寄存器 (D)

数据寄存器为一个 16 位寄存器,即各种参与处理的数值是一个 16 位(最高位为符号

位）的整体数据。数据寄存器可以写入数据，也可以读出数据，能处理的数值范围为 -32 768 ~ +32 767。

两个相邻的数据寄存器可以组成一个 32 位数据寄存器（最高位为符号位）。在进行 32 位数据操作时，指定低位的编号即可进行。低位的编号一般采用偶数编号。

数据寄存器分为一般型、停电保持型和特殊型。FX 系列的 PLC，其数据寄存器的地址编号如表 3-1 所示。

表 3-1 FX 系列 PLC 数据寄存器的地址编号

机型	一般型	停电保持型		特殊型	
		停电保持用	停电保持专用	文件用	特殊用
FX$_{1S}$	D0 ~ D127 共 128 点③	—	D128 ~ D255 共 128 点③	根据参数设定，可以将 D1000 ~ D2499 作为文件寄存器使用	D8000 ~ D8255 共 256 点
FX$_{2N}$ FX$_{2NC}$	D0 ~ D199 共 200 点①	D200 ~ D511 共 312 点②	D512 ~ D7999 共 7 488 点③	根据参数设定，可以将 D1000 以上作为文件寄存器使用	D8000 ~ D8255 共 256 点

注：
① 非停电保持领域，通过设定参数可变更停电保持领域。
② 停电保持领域，通过设定参数可变更非停电保持领域。
③ 无法通过设定参数变更停电保持的特性。

2. 位组合数据

在 FX 系列 PLC 中，用相邻的 4 个位元件作为一个组合，表示一个十六进制数，表达形式为 KnX、KnY、KnM、KnS 等，n 为 4 位组合的个数。例如，K1X0 表示由 X3 ~ X0 这 4 位输入继电器的组合；K3Y0 表示由 Y13 ~ Y10、Y7 ~ Y0 这 12 位输出继电器的组合；K4M10 表示由 M25 ~ M10 这 16 位辅助继电器的组合。

【注意】
位组合元件的最低位最好采用 0 结尾的位元件。

3. 其他

K——表示十进制常数。
H——表示十六进制常数。
T——表示定时器的当前值寄存器。
C——表示计数器的当前值寄存器。

（二）功能指令的表达形式

功能指令与基本逻辑指令不同，功能指令类似一个子程序，直接由助记符（功能代号）表达本条指令要做什么。FX 系列 PLC 的功能指令表达形式如图 3-2 所示。

[S] 表示源操作数，其内容不随指令执行而变化，源的数量较多时，用 [S1]、[S2] 等表示。

[D] 表示目标操作数，其内容随指令执行而改变，目标数量较多时，用 [D1]、[D2] 等表示。

项目三 基于功能指令的 PLC 控制系统设计、编程与调试

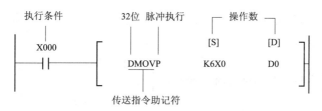

图 3-2 功能指令的梯形图表达形式

(三) 数据长度和指令类型

1. 数据长度

功能指令可以处理 16 位数据和 32 位数据。在处理 32 位数据时,指令助记符的前面需添加字母 D,如图 3-3 所示。

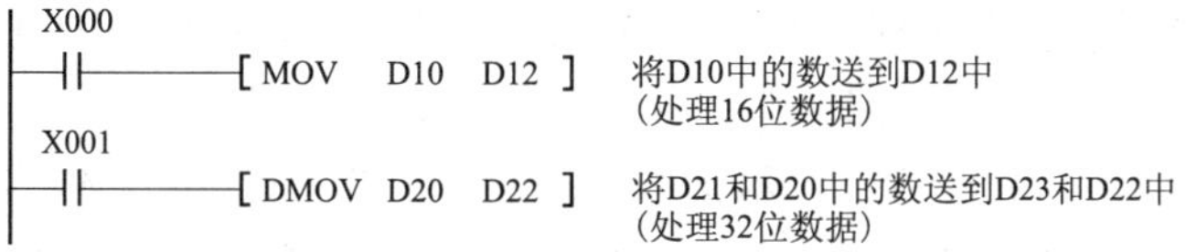

图 3-3 16 位/32 位数据传输指令梯形图表达形式

2. 指令类型

FX 系列 PLC 的功能指令有连续执行型和脉冲执行型两种形式。连续执行型的梯形图表达形式如图 3-4 所示。当 X001=1 时,功能指令在每个扫描周期都被执行一次。

```
    X001
    ──┤├──────[ DMOV   D20   D22 ]
```

图 3-4 连续执行型的梯形图表达形式

脉冲执行型的梯形图表达形式如图 3-5 所示。X000 每接通 (X000=1) 一次,功能指令就在第一扫描周期被执行一次。

```
    X000
    ──┤├──────[ MOVP   D10   D12 ]
```

图 3-5 脉冲执行型功能指令的梯形图表达形式

(四) 传送指令

传送指令 MOV 是将源操作数内的数据传送到指定的目标操作数内,即 [S] → [D],源操作数内的数据不改变。如图 3-6 所示,当 X0 接通 (X0=1) 时,源操作数 [S] 中的常数 K100 被传送到目标操作元件 D10 中,且常数 K100 被自动转换成二进制数。当 X0 断开时,指令不执行,数据保持不变。

图 3-6 传送指令基本形式

【应用举例 1】

图 3-7 所示为传送指令的应用示例。图 3-7 (a) 表示当 X0=1 时,将计数器 C0 的当

前值读出并送到数据寄存器 D20 中；图 3-7（b）表示当 X1=1 时，将常数 K100 写入定时器 T0 的设定值寄存器中。

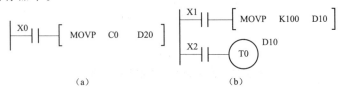

图 3-7 传送指令的应用示例

(a) 读出 C0 当前值；(b) 写入 T0 设定值

【应用举例 2】

三相交流电动机 Y/△降压启动控制线路如图 3-8 所示，应用数据传送指令设计的三相交流电动机 Y/△降压启动控制程序如图 3-9 所示。按下启动按钮 SB2（X2），传送常数 K7（B0111）给 K1Y0，即 Y0Y1Y2 都得电，电动机 Y 形连接启动，同时 T0 开始定时。10 s 后，传送 K3（B11）给 K1Y0，即 Y2 表示的 Y 形连接断开。1 s 后，传送 K10（B1010）给 K1Y0，即电动机△形连接运行，同时启动指示灯（Y0）熄灭。在运行中，若电动机过载（X0）断开，则电动机自动停止，并且 Y0 指示灯亮，即报警。

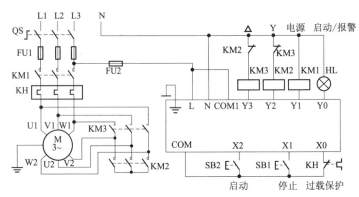

图 3-8 三相交流电动机 Y/△降压启动控制线路

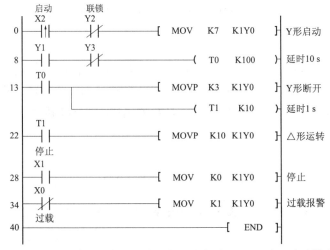

图 3-9 应用数据传送指令设计的三相交流电动机 Y/△降压启动控制程序

项目三 基于功能指令的 PLC 控制系统设计、编程与调试

(五) 比较指令

比较指令 CMP 是将源操作数 [S1] 和 [S2] 的数据进行比较，然后对目标操作数 [D] 进行相应的操作。如图 3-10 所示，当 X0 = 1 时，将 C20 的当前值与常数 K100 进行比较。若 C20 的当前值小于 K100，则 [D] 指定的 M0 自动置 1（即 Y0 接通）；若 C20 的当前值等于 K100，则 M1 自动置 1（即 Y1 接通）；若 C20 的当前值大于 K100，则 M2 自动置 1（即 Y2 接通）。在 X0 断开（即不执行 CMP 指令）时，M0~M2 保持在 X0 断开前的状态。因此，如果要清除比较结果，就需要使用 RST 或 ZRST 指令。

【说明】

数据比较是进行代数值大小比较（即带符号比较）。所有的源数据均按二进制处理。

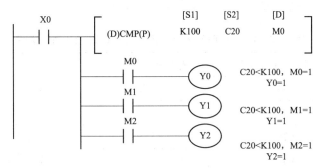

图 3-10 比较指令的基本形式

【应用举例】

有一个高性能密码锁，由两组密码数据共同锁定。只有正确输入两组密码数据，才能打开该锁。锁在被打开 5 s 后，会被重新锁定。

该高性能密码锁的梯形图如图 3-11 所示。在程序运行时，用初始脉冲 M8002 预先设定密码（十六进制数 H5A 和 H6C）。

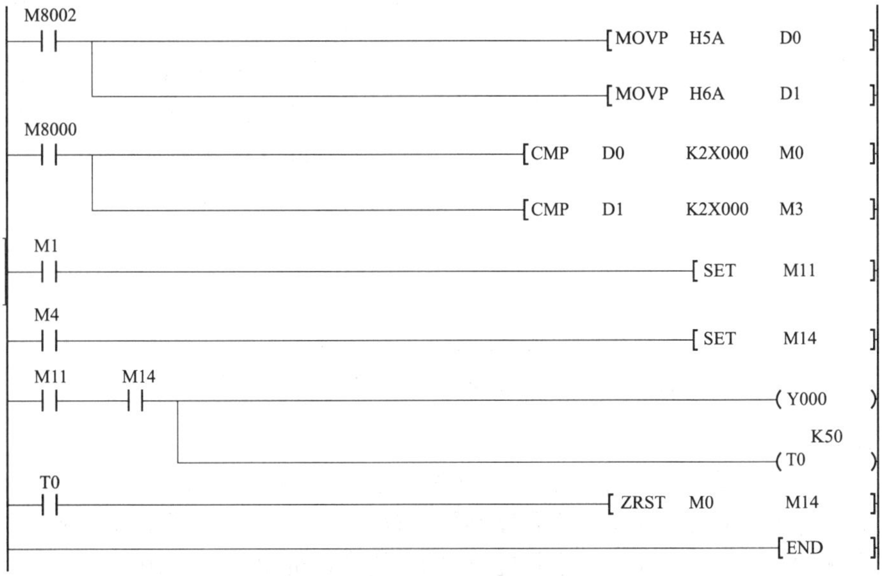

```
  M8002
───┤├──────────────────────────[MOVP   H5A    D0  ]
   │
   └──────────────────────────[MOVP   H6A    D1  ]
  M8000
───┤├──────────────────────────[CMP    D0   K2X000  M0 ]
   │
   └──────────────────────────[CMP    D1   K2X000  M3 ]
  M1
───┤├─────────────────────────────────────[ SET   M11 ]
  M4
───┤├─────────────────────────────────────[ SET   M14 ]
  M11  M14
───┤├──┤├─────────────────────────────────────( Y000 )
                                                K50
                                           ────( T0  )
  T0
───┤├─────────────────────────────[ ZRST   M0    M14 ]
                                           ────[ END ]
```

图 3-11 高性能密码锁的梯形图

密码设定为 2 位十六进制数,所以输入继电器只需要 8 位(K2X0)。只有在两次比较中,从输入点 K2X0 传入的二进制数恰好等于所设定的 H5A 和 H6C,密码锁才能被打开。

在该设计中,需要对 K2X0 两次输入的数据进行比较,然而,比较指令定义的目标操作数的通、断是随机的,即在进行第 2 次比较时,将自动清零第 1 次的比较结果。所以,在图 3 – 11 的梯形图中使用了中间变量 M11 和 M14,对应 M1 和 M4,这样就能将两次比较的结果保存下来,再将 M11 和 M14 的常开触点串联,从而驱动 Y000(打开密码锁)。

四、计划与实施

1. 分配 I/O 地址

LED 数码显示控制系统的 I/O 地址及功能说明如表 3 – 2 所示。

表 3 – 2 LED 数码显示控制系统的 I/O 地址及功能说明

序号	PLC 地址/PLC 端子	电气符号/面板端子	功能说明
1	X00	K0	启动/停止
2	Y00	A	数码控制端子 A
3	Y01	B	数码控制端子 B
4	Y02	C	数码控制端子 C
5	Y03	D	数码控制端子 D
6	主机(COM0、COM1、COM2)、面板 GND 接电源 GND,面板 +5 V 接电源 +5 V		电源端

2. 绘制 PLC 接线图

根据分配的 I/O 地址,绘制 LED 数码显示控制系统的 PLC 接线图,如图 3 – 12 所示。

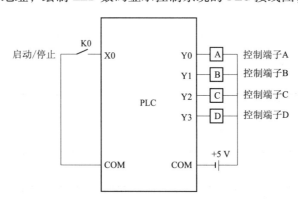

图 3 – 12 LED 数码显示控制系统的 PLC 接线

3. 编制 PLC 程序

根据用户需求,设计 LED 数码显示控制系统的 PLC 程序,如图 3 – 13 所示。

在图 3 – 13 中,循环定时部分的程序利用比较指令产生一个周期为 2 s 的脉冲信号,然后通过这个脉冲信号计数;循环完毕复位至初始状态部分的程序,利用传送指令,使得当计数达到 10 或开关 K0 关闭时,将输出清零;输出部分的程序,利用传送指令,把计数器 C0

项目三 基于功能指令的 PLC 控制系统设计、编程与调试

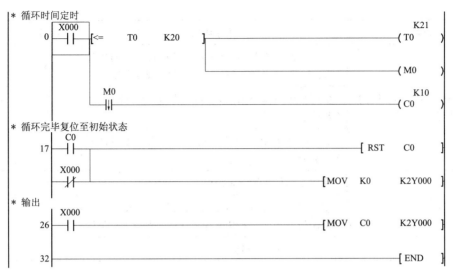

图 3-13 LED 数码显示控制系统的 PLC 程序

的当前值传送给 K2Y0，实现数码显示。

4. 接线并调试

将控制程序下载到 PLC 后，按照 LED 数码显示控制系统的 PLC 接线图（图 3-12）接线，然后进行调试。在调试时，应先进行静态调试，再进行动态调试。

1）静态调试

断开输出端的用户电源，连接好输入设备，按下各输入按钮，观察 PLC 的输出端子各信号灯的亮灭情况是否与控制要求相符。若不相符，则打开编程软件的在线监控功能，检查并修改程序，直至指示正确。

2）动态调试

接好用户电源和输出设备，观察电动机能否按控制要求动作。若不能，则检查电路的连接情况，直至能按控制要求动作。

五、检查与评估

LED 数码显示控制系统可以在 THPFSL-2 型可编程序控制器综合实训装置实施，两人一组完成，具体评分见表 3-3。

表 3-3 LED 数码显示控制系统设计、编程与调试项目评分

评分项目	评分细则	配分	得分
控制系统电路设计	I/O 地址分配	5	
	PLC 接线图绘制	5	
	PLC 程序编制	20	
控制系统电路布线、排错、连接工艺	主电路布线、排错、连接工艺	10	
	控制电路布线、排错、连接工艺	15	

续表

评分项目	评分细则	配分	得分
PLC 程序调试达到任务拟订的工作目标	打开控制开关 K0，LED 数码显示管依次循环显示 0、1、2、…、9，每一个数字显示 2 s 后熄灭	15	
	关闭控制开关 K0，LED 数码显示管停止显示，系统停止工作	15	
	整个电气控制系统调试正常，达到任务拟订的工作目标	5	
职业素养与安全意识	完成工作任务的所有操作，且符合安全操作规程	5	
	工具摆放、包装物品、导线线头等的处理符合职业岗位的要求，爱惜设备和器材，保持工位整洁	5	
本项目得分			

技能测试

1. 用比较指令实现如下功能：对 X10 的脉冲进行计数，当脉冲数大于 10 时，Y1 接通；当脉冲数小于或等于 10 时，Y1 断开；当 Y1 接通 20 s 后，Y10 自动接通。

（1）列出 I/O 地址分配表。

（2）编制 PLC 程序（梯形图）。

2. 某企业对生产产品进行检验，检验完成后对合格和不合格产品进行统计计数。当合格品率大于或等于 95% 时，绿灯亮；小于 80% 时，红灯亮；小于 95% 且大于等于 80% 时，黄灯亮。合格或不合格品通过传感器检测。

（1）列出 I/O 地址分配表。

（2）编制 PLC 程序（梯形图）。

情境3.2 装配流水线控制系统设计、编程与调试(功能指令编程法)

一、用户需求

某机械加工厂需要设计一个装配流水线控制系统,要求能控制待加工的工件按照一定的顺序在操作工位、传送工位以及仓库操作工位之间循环处理,控制面板示意如图3-14所示。具体要求如下:

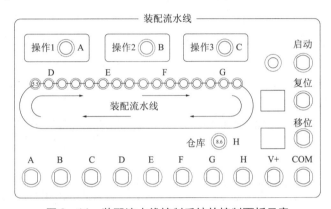

图3-14 装配流水线控制系统的控制面板示意

(1) 总体控制要求:系统中的操作工位A、B、C,传送工位D、E、F、G及仓库操作工位H能对工件进行循环处理。

(2) 闭合"启动"开关:工件经过传送工位D送至操作工位A,在此工位完成加工后,再由传送工位E送至操作工位B……依次传送及加工工件,直至工件被送至仓库操作工位H,由该工位完成对工件的入库操作。依次对工件循环处理,每个工位的处理时间为1 s。

(3) 断开"启动"开关:当最后一个工件被加工完成并入库后(入库时间为0.7 s),系统自动停止工作。

(4) 按"复位"按钮:无论此时工件位于哪个工位,系统均能复位至起始状态,即工件重新从传送工位D处开始被传送并加工。

(5) 按"移位"按钮:无论此时工件位于哪个工位,系统均能进入单步移位状态,即每按一次"移位"按钮,工件前进一个工位。

二、需求分析

从图3-14可了解该装配流水线控制系统的控制对象。其中,PLC输入信号包含1个启动开关、1个复位按钮、1个移位按钮,PLC输出信号包含操作工位A、B、C,传送工位D、E、F、G及仓库操作工位H。

这个设计任务的硬件接线部分并不复杂,只需要把控制面板上的启动、复位、移位接到

PLC 的输入端,操作工位(A、B、C)、传送工位(D、E、F、G)及仓库操作工位(H)接到 PLC 的输出端,然后接好电源部分就可以了。由于要按照一定顺序使工件在各工位上循环处理,可以考虑采用 PLC 的移位指令来解决。

三、相关资讯

(一)循环左移及循环右移指令

循环左移指令 POL 使 [D] 中各位数据向左循环移 n 位,最后从最高位移出的状态存于进位标识 M8022 中,如图 3-15(a)所示。

循环移位是一种环形移动,循环右移指令 ROR 使 [D] 中各位数据向右循环移 n 位,最后从最低位移出的状态存于进位标识 M8022 中,如图 3-15(b)所示。

【说明】

执行这两条指令时,如果目标操作数为位组合元件,则只有 K4 或 K8 才有效。

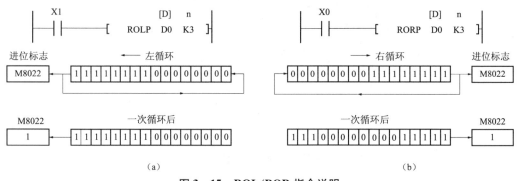

图 3-15 ROL/ROR 指令说明

(a) ROL 指令;(b) ROR 指令

【应用举例】

某彩灯组共 14 个接于 Y0~Y15 点上,要求灯组以 0.1 Hz 的频率正、反序轮流点亮。图 3-16 所示为用基本指令和移位指令编制的控制程序。X0、X1 分别为启动按钮和停止按

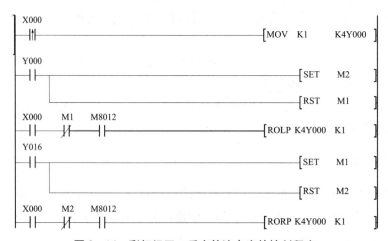

图 3-16 彩灯组正、反序轮流点亮的控制程序

钮。按下启动按钮时，首先赋初值 K1 给 K4Y0，然后每隔 0.1 s 左移位一次，形成正序移动；当最后一个灯（接在 Y15 点上）点亮 0.1 s 后移位到 Y16 点时，立即将 M1 置位切断正序移位，并将 M2 复位接通反序的右移位，使 Y16 中的"1"又移回到 Y15 中，也就是说，Y16 只起到转换信息的作用，以后每隔 0.1 s 右移位一次，形成反序点亮。反序到 Y0 接通后又进入正序，依次循环。

（二）位左移及位右移指令

位左移指令的源操作数和目标操作数都是位元件。当执行条件满足时，[S] 中数据和 [D] 中数据向左移动 n2 位，共有 n1 位参与移动。如图 3-17 所示，当 X10 = 1 时，（M15 ~ M12）溢出，（M11 ~ M8）→（M15 ~ M12），（M7 ~ M4）→（M11 ~ M8），（M3 ~ M0）→（M7 ~ M4），（X3 ~ X0）→（M3 ~ M0）。

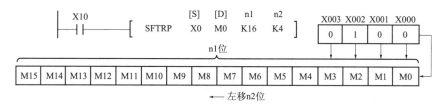

图 3-17 位左移指令 SFTL 说明

位右移指令与位左移的方向相反。当执行条件满足时，[S] 中数据和 [D] 中数据向右移动 n2 位，共有 n1 位参与移动。如图 3-18 所示，当 X10 = 1 时，（M3 ~ M0）溢出，（M7 ~ M4）→（M3 ~ M0），（M11 ~ M8）→（M7 ~ M4），（M15 ~ M12）→（M11 ~ M8），（X3 ~ X0）→（M15 ~ M12）。

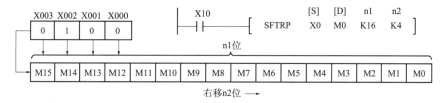

图 3-18 位右移指令 SFTR 说明

【应用实例】

现有五行三列 15 个彩灯组成的点阵，自行编号，按照中文"王"字的书写顺序，依次以 1 s 间隔点亮，形成"王"字，保持 3 s 后熄灭，再循环。

为方便编程，可按照书写顺序进行地址编号，如图 3-19（b）所示。共有 11 个输出点，按书写顺序依次为 Y0 ~ Y12，用 X0 作启动地址，设计的梯形图程序如图 3-19（a）所示。当 X0 = 1 时，将常数 K7 分别传到 K1M0 和 K3Y0，Y0 ~ Y2 被点亮，也就是写下了"王"字的第 1 笔。同时 T0 自复位电路开始定时，1 s 后进行左移位，（M2 ~ M0）→（Y2 ~ Y0），（Y2 ~ Y0）→（Y5 ~ Y3），其他的位也依次左移 3 位，使 Y5 ~ Y3 点亮，即写下"王"字的第 2 笔。依次下去将 Y12 ~ Y0 全部点亮形成"王"字。T1 定时 3 s 后全部熄灭，进入下一轮循环。

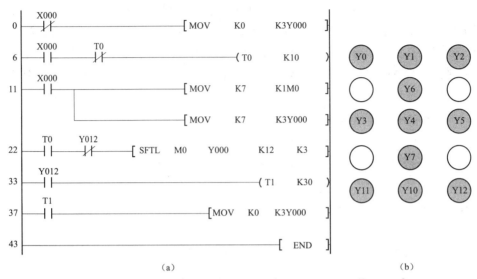

图 3-19 中文"王"字的书写（一笔接一笔地写）
（a）梯形图；（b）地址编号布局

四、计划与实施

1. 分配 I/O 地址

装配流水线控制系统的 I/O 地址及功能说明如表 3-4 所示。

表 3-4 装配流水线控制系统的 I/O 地址及功能说明

序号	PLC 地址/PLC 端子	电气符号/面板端子	功能说明
1	X0	SD	启动（SD）
2	X1	RS	复位（RS）
3	X2	ME	移位（ME）
4	Y0	A	工位 A 动作
5	Y1	B	工位 B 动作
6	Y2	C	工位 C 动作
7	Y3	D	运料工位 D 动作
8	Y4	E	运料工位 E 动作
9	Y5	F	运料工位 F 动作
10	Y6	G	运料工位 G 动作
11	Y7	H	仓库操作工位 H 动作
12	主机（COM0、COM1、COM2、COM3）、面板 COM 接电源 GND，主机 S/S、面板 V+ 接电源 +24 V		电源端

2. 绘制 PLC 接线图

根据分配的 I/O 地址，绘制装配流水线控制系统的 PLC 接线图，如图 3-20 所示。

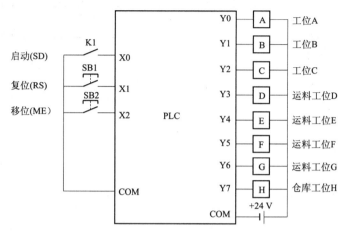

图 3-20　装配流水线控制系统的 PLC 接线图

3. 编制 PLC 程序

本书只提供启动部分的程序，复位和移位程序可在此基础上完善。

根据用户需求，我们需要产生 1 个 1 s 周期的自复位信号，可以参考图 3-21 进行设计。

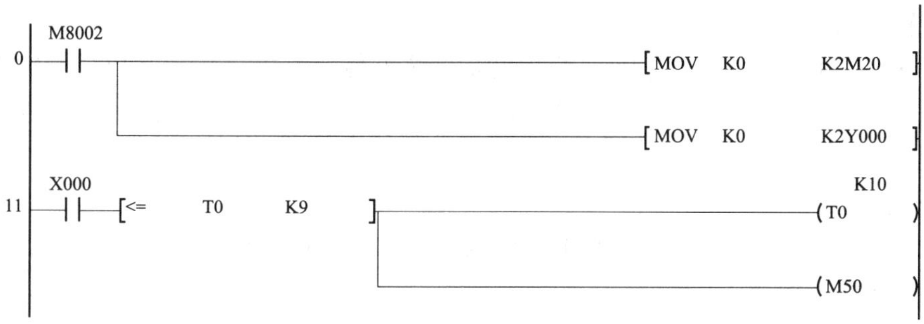

```
       M8002
  0 ───┤├──────────────────────────[ MOV  K0    K2M20 ]
                                   [ MOV  K0    K2Y000 ]
       X000                                        K10
 11 ───┤├──[<=  T0   K9 ]─────────────────────────(T0  )
                                                 (M50  )
```

图 3-21　1 s 周期的自复位程序

由于每隔 1 s，需要在各工位上对工件进行循环处理，这可以利用移位指令来实现，具体可参考图 3-22。

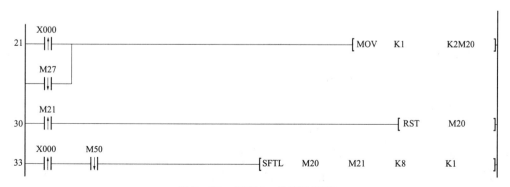

图 3-22　间隔 1 s 的移位程序

输出信号可通过 PLC 的输出端子进行控制,程序可参考图 3-23。

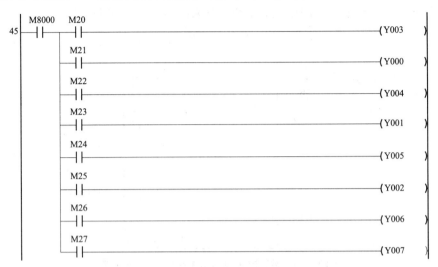

图 3-23 装配流水线控制系统的梯形图(部分)

4. 接线并调试

将控制程序下载到 PLC 后,按照装配流水线控制系统的 PLC 接线图(图 3-20)接线,然后进行调试。在调试时,应先进行静态调试,再进行动态调试。

1)静态调试

断开输出端的用户电源,连接好输入设备,按下各输入按钮,观察 PLC 的输出端子各信号灯的亮灭情况是否与控制要求相符。若不相符,则打开编程软件的在线监控功能,检查并修改程序,直至指示正确。

2)动态调试

接好用户电源和输出设备,观察电动机能否按控制要求动作。若不能,则检查电路的连接情况,直至能按控制要求动作。

五、检查与评估

装配流水线控制系统可以在 THPFSL-2 型可编程序控制器综合实训装置实施,两人一组完成,具体评分见表 3-5。

表 3-5 装配流水线控制系统设计、编程与调试项目评分

评分项目	评分细则	配分	得分
控制系统电路设计	I/O 地址分配	5	
	PLC 接线图绘制	5	
	PLC 程序编制	20	
控制系统电路布线、排错、连接工艺	主电路布线、排错、连接工艺	10	
	控制电路布线、排错、连接工艺	15	

续表

评分项目	评分细则	配分	得分
PLC 程序调试达到任务拟订的工作目标	闭合"启动"开关,工件经过运料工位 D 送至操作工位 A,然后再由运料工位 E 送至操作工位 B……,依次传送及加工,直至工件被送至仓库操作工位 H,循环处理,A~G 每个工位处理时间为 1 s	15	
	断开"启动"开关,最后一个工件被加工完成并入库后(入库时间为 0.7 s),系统自动停止工作	5	
	按"复位"按钮,系统复位至起始状态	5	
	按"移位"按钮,系统均能进入单步移位状态,每按一次"移位"键,工件前进一个工位	5	
	整个电气控制系统调试正常,达到任务拟订的工作目标	5	
职业素养与安全意识	完成工作任务的所有操作,且符合安全操作规程	5	
	工具摆放、包装物品、导线线头等的处理符合职业岗位的要求,爱惜设备和器材,保持工位整洁	5	
本项目得分			

技能测试

1. 用功能指令设计彩灯的交替点亮控制程序:10 盏灯,隔灯显示,要求每隔一定时间变换一次,时间间隔在 0.3~3 s(可调节),反复进行。通过一个开关控制程序启停。

(1) 列出 I/O 地址分配表。

(2) 编制 PLC 程序(梯形图)。

2. 设计简易定时报时器,7:00,电铃响 15 s 后停止;6:00~22:00,启动照明系统。

(1) 列出 I/O 地址分配表。

(2) 编制 PLC 程序(梯形图)。

3. 有 20 盏灯,要求从左到右依次点亮,然后从右到左依次熄灭并循环。用移位指令实现其功能。

(1) 列出 I/O 地址分配表。

(2) 编制 PLC 程序(梯形图)。

4. 用一个按钮控制红、黄、绿 3 盏灯的启停。要求:第 1 次按下,红灯亮;第 2 次按下,红灯灭,黄灯亮;第 3 次按下,黄灯灭,绿灯亮;第 4 次按下,绿灯灭,红灯亮,如此循环。

(1) 列出 I/O 地址分配表。

(2) 编制 PLC 程序(梯形图)。

情境3.3　简易计算器系统设计、编程与调试

一、用户需求

请设计一个简易计算器，完成 $Y = 20X/35 - 8$ 的计算。具体要求：
当结果 $Y = 0$ 时，红灯亮；否则，绿灯亮。

二、需求分析

运算式中的 X 和 Y 是两位数（变量）。X 是自变量，可选用 KnX 输入；Y 是因变量，由 KnY 输出。从表达式看出，因变量 Y 与自变量 X 成比例，X 的变化范围（位数）决定了 Y 的变化范围（位数）。（注意：KnX 与 KnY 表示的都是二进制数。）

本任务需要用到 PLC 的四则运算指令。

三、相关资讯

（一）加法指令 ADD

ADD 指令是将源元件中的二进制数相加，再将结果送到目标元件。如图3-24所示，当执行条件 X0 =1 时，[D10] + [D12] → [D14]。ADD 指令是代数运算，如 5 + (-8) = -3。

```
   X0                    [S1]   [S2]   [D]
───┤ ├───────[ (D)ADD(P)  D10    D12    D14 ]
```

图3-24　ADD 指令梯形图

ADD 指令有3个常用标志：M8020 为零标志、M8021 为借位标志、M8022 为进位标志。如果运算结果为0，则零标志 M8020 自动置1；如果运算结果超过32767（16位）或2147483647（32位），则进位标志 M8022 置1；如果运算结果小于 -32767（16位）或 -2147483647（32位），则借位标志 M8021 置1。

在32位运算中，被指定的字元件是低16位元件，而下一个元件为高16位元件。

源元件和目标元件可以用相同的元件号。若源元件号和目标元件号相同，且采用连续执行的 ADD、(D) ADD 指令时，加法的结果在每个扫描周期都会改变。

（二）减法指令 SUB

SUB 指令是将源元件中的二进制数相减，再将结果送到目标元件。如图3-25所示，当执行条件 X0 =1 时，[D10] - [D12] → [D14]。SUB 指令是代数运算，如 5 - (-8) =13。

```
   X0                    [S1]   [S2]   [D]
───┤ ├───────[ (D)SUB(P)  D10    D12    D14 ]
```

图3-25　SUB 指令梯形图

项目三 基于功能指令的 PLC 控制系统设计、编程与调试

SUB 指令的各种标志位的动作、在 32 位运算中软元件的指定方法、连续执行型和脉冲执行型的差异均与 ADD 指令相同。

（三）乘法指令 MUL

MUL 指令是将源元件中的二进制数相乘，再将结果送到目标元件。MUL 指令分为 16 位运算和 32 位运算两种情况：当源操作数为 16 位时，目标操作数为 32 位；当源操作数为 32 位时，目标操作数为 64 位。最高位为符号位，0 为正，1 为负。

如图 3-26 所示，当进行 16 位运算、执行条件 X0 = 1 时，[D0] × [D2] → [D5、D4]；当进行 32 位运算、执行条件 X0 = 1 时，[D1、D0] × [D3、D2] → [D7、D6、D5、D4]。

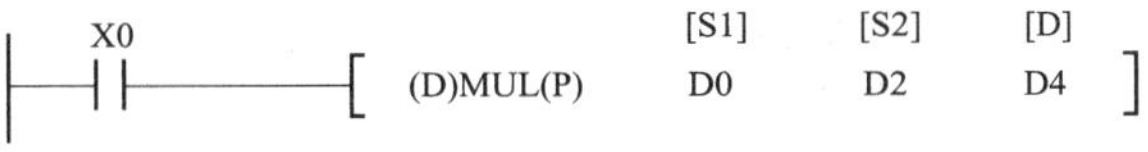

```
     X0                [S1]  [S2]  [D]
   ──┤├──────[ (D)MUL(P)  D0    D2    D4 ]
```

图 3-26 MUL 指令梯形图

当将位组合元件用于目标操作数时，限于 K 的取值，只能得到低 32 位的结果，不能得到高 32 位的结果。这时，应将数据移入字元件再进行计算。

在使用字元件时，也不可能监视 64 位数据，只能分别监视高 32 位数据和低 32 位数据。

（四）除法指令 DIV

DIV 指令是将源元件中的二进制数相除，[S1] 为被除数，[S2] 为除数，商被送到指定的目标元件 [D]，余数被送到 [D] 的下一个目标元件。DIV 分为 16 位运算和 32 位运算两种情况。

如图 3-27 所示，当进行 16 位运算、执行条件 X0 = 1 时，[D0] 除 [D2] 的商 → [D4]，余数 → [D5]。例如，当 [D0] = 19，[D2] = 3 时，则执行指令后 [D4] = 6，[D5] = 1。当进行 32 位运算、执行条件 X0 = 1 时，[D1、D0] 除 [D3、D2]，商在 [D5、D4]，余数在 [D7、D6] 中。

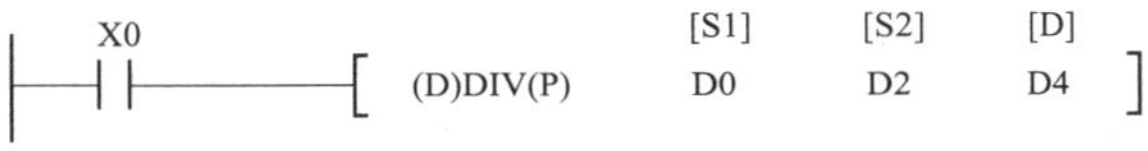

```
     X0                [S1]  [S2]  [D]
   ──┤├──────[ (D)DIV(P)  D0    D2    D4 ]
```

图 3-27 DIV 指令梯形图

当商为 0 时，有运算错误，不执行指令。若 [D] 指定位元件，得不到余数。商和余数的最高位是符号位。当被除数或除数中有一个为负数时，商为负数；被除数为负数时，余数为负数。

【乘除法指令拓展应用】

我们除了能运用四则运算指令进行最基本的加、减、乘、除运算，还能巧妙地利用其运算功能，实现某些特定的控制关系。图 3-28 所示为利用乘除法指令实现灯组移位循环的实例。有一组灯共 8 盏，接于 Y0 ~ Y7。当 K3Y0 × 2 时，相当于将其二进制数码左移了一位。所以执行乘 2 运算，实现了 Y0 → Y7 的正序变化。同理，除 2 运算实现了 Y7 → Y0 的反序变化。程序中 T0 和 M8013 配合，使两条运算指令轮流执行。先从 Y0 → Y7，每隔 1 s 向左移一位，再从 Y7 → Y0，每隔 1 s 向右移一位，并循环，效果图如图 3-29 所示。

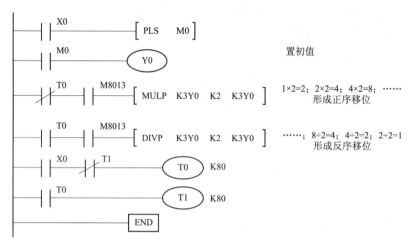

图 3-28 乘除法的拓展应用

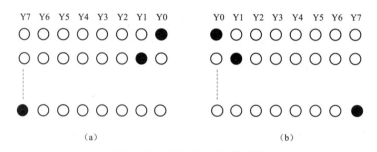

图 3-29 乘2/除2 运算效果

(a) 乘2运算效果;(b) 除2运算效果

(五) 加 1 指令 INC、减 1 指令 DEC

图 3-30 (a) 所示为加 1 指令 INC,当 X000 由 OFF→ON 时,由 [D] 指定的目标元件 D1 中的二进制数自动加 1。图 3-30 (b) 所示为减 1 指令 DEC,当 X001 由 OFF→ON 时,由 [D] 指定的目标元件 D1 中的二进制数自动减 1。若用连续指令时,每个扫描周期都要加 1、减 1,不容易精确判断结果。所以,INC、DEC 指令应采用脉冲执行型。

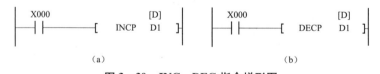

图 3-30 INC、DEC 指令梯形图

(a) 加1指令 INC;(b) 减1指令 DEC

【注意】

INC、DEC 指令的运算结果不影响标志位 M8020、M8021 和 M8022。

(六) 逻辑字"与"指令 WAND

如图 3-31 所示,当 X000=1 时,将 [S1] 指定的 D10 和 [S2] 指定的 D12 中的数据按位对应,进行逻辑"与"运算,结果存于由 [D] 指定的目标元件 D14 中。

图 3-31 WAND 指令梯形图

(七) 逻辑字 "或" 指令 WOR

如图 3-32 所示,当 X010 = 1 时,将 [S1] 指定的 D10 和 [S2] 指定的 D12 中的数据按位对应,进行逻辑 "或" 运算,结果存于由 [D] 指定的目标元件 D14 中。

图 3-32 WOR 指令梯形图

(八) WXOR 逻辑字 "异或" 指令

如图 3-33 所示,当 X020 = 1 时,将 [S1] 指定的 D10 和 [S2] 指定的 D12 中的数据按位对应,进行逻辑 "异或" 运算,结果存于由 [D] 指定的目标元件 D14 中。

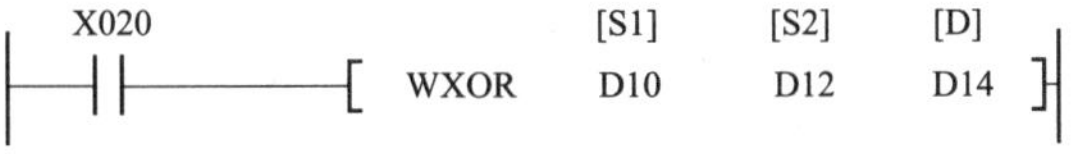

图 3-33 WXOR 指令梯形图

【应用举例】

图 3-34 所示为用输入继电器的 K2X0 对输出继电器的 K2Y0 进行控制的实例程序。当 X0 = 1 时,K2X0 与 H0F 相 "与" 运算,实现 K2X0 低 4 位对 K2Y0 低 4 位的直接控制(状态保持),高 4 位被屏蔽;当 X1 = 1 时,K2X0 与 H0F 相 "或" 运算,实现 K2X0 高 4 位对 K2Y0 高 4 位的直接控制(状态保持),低 4 位被置 1;当 X2 = 1 时,K2X0 与 H0F 相 "异或" 运算,实现 K2X0 低 4 位对 K2Y0 低 4 位的取反控制(状态取反),高 4 位直接控制(状态保持)。

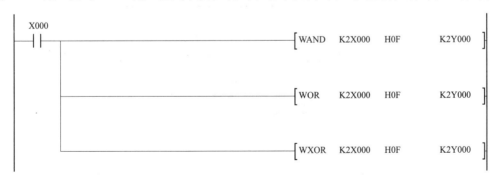

图 3-34 逻辑运算指令应用举例

四、计划与实施

1. 分配 I/O 地址

根据前述任务分析,选定 K2X0 作自变量输入,K2Y0 作因变量结果输出。简易计算器系统的 I/O 地址分配及功能说明如表 3-6 所示。

表3-6 简易计算器系统的I/O地址分配及功能说明

序号	PLC 地址/PLC 端子	电气符号/面板端子	功能说明
1	X0	K0	二进制数输入
2	X1	K1	
3	X2	K2	
4	X3	K3	
5	X4	K4	
6	X5	K5	
7	X6	K6	
8	X7	K7	
9	X20	K8	启动开关
10	Y0	HL0	二进制数输出
11	Y1	HL1	
12	Y2	HL2	
13	Y3	HL3	
14	Y4	HL4	
15	Y5	HL5	
16	Y6	HL6	
17	Y7	HL7	
18	Y10	HL10	绿灯
19	Y11	HL11	红灯

2. 绘制PLC接线图

根据分配的I/O地址,绘制简易计算器系统的PLC接线图,如图3-35所示。

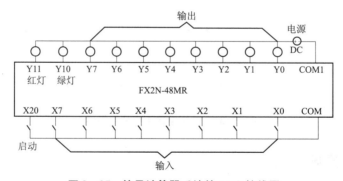

图3-35 简易计算器系统的PLC接线图

3. 编制PLC程序

根据本简易计算器系统的控制要求,设计的PLC控制程序如图3-36所示。当X20 = 1

时，从 K2X0 输入的变量存入 D0 中，与常数 K20 相乘以后存入 D2；再除以常数 K35 后减去 8，结果送入 K2Y0 输出。当输出结果等于 0 时，零标志位自动置 1，点亮红灯 Y11，否则点亮绿灯 Y10。

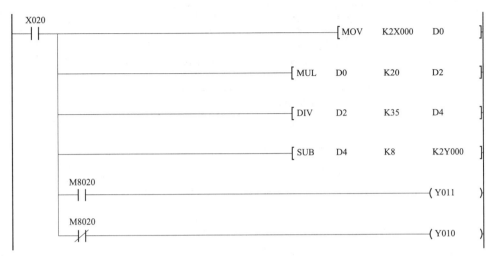

图 3-36　简易计算器系统的 PLC 程序

4. 接线并调试

将控制程序下载到 PLC 后，按照简易计算器控制系统的 PLC 接线图（图 3-35）接线，然后进行调试。在调试时，应先进行静态调试，再进行动态调试。

1）静态调试

断开输出端的用户电源，连接好输入设备，按下各输入按钮，观察 PLC 的输出端子各信号灯的亮灭情况是否与控制要求相符。若不相符，则打开编程软件的在线监控功能，检查并修改程序，直至指示正确。

2）动态调试

接好用户电源和输出设备，观察电动机能否按控制要求动作；若不能，则检查电路的连接情况，直至能按控制要求动作。

五、检查与评估

简易计算器系统可以在 THPFSL-2 型可编程序控制器综合实训装置实施，两人一组完成，具体评分见表 3-7。

表 3-7　简易计算器系统设计、编程与调试项目评分

评分项目	评分细则	配分	得分
控制系统电路设计	I/O 地址分配	5	
	PLC 接线图绘制	5	
	PLC 程序编制	20	

续表

评分项目	评分细则	配分	得分
控制系统电路布线、排错、连接工艺	主电路布线、排错、连接工艺	10	
	控制电路布线、排错、连接工艺	15	
PLC 程序调试达到任务拟订的工作目标	按下启动按钮后,X0~X7 输入二进制数,系统能按照 $Y=20X/35-8$ 计算,得出输出结果,并在 Y0~Y7 显示出来	20	
	当输出结果不是 0 时,点亮绿灯	5	
	当结果 $Y=0$ 时,点亮红灯	5	
	整个电气控制系统调试正常,达到任务拟订的工作目标	5	
职业素养与安全意识	完成工作任务的所有操作,且符合安全操作规程	5	
	工具摆放、包装物品、导线线头等的处理符合职业岗位的要求,爱惜设备和器材,保持工位整洁	5	
本项目得分			

技能测试

1. 完成四则运算 $Y=(5X1+4X2)/4$,其中 $X1$、$X2$ 为十进制数。

(1) 列出 I/O 地址分配表。

(2) 编制 PLC 程序(梯形图)。

2. D0 的初始值为 K0,D1 的初始值为 K100,D0 的值每秒加 1,D1 的值每秒减 1,编制梯形图程序。

(1) 列出 I/O 地址分配表。

(2) 编制 PLC 程序(梯形图)。

情境3.4 四位数码管显示控制系统设计、编程与调试

一、用户需求

某广告公司需要设计一个四位数码管显示控制系统,要求每按一次按钮,四位数码管显示的数值从1000开始自动增1,即数码管依次显示1000、1001、1002……。具体要求如下:

用户每按一次操作按钮地址号加1,即地址号依次是D0、D1、D2、D3……,其内容也从1000开始,依次为1000、1001、1002、1003……,并在数码管上显示出来。

二、需求分析

本任务是要显示不同地址单元中的内容。D0中的内容为1000,从D0开始,X1每按一下,地址号加1,其中的内容也加1。即D0=1000,D1=1001,D2=1002……,这涉及变址寄存器的使用。

本任务要显示的内容是4位BCD码,需要用4个LED数码管,分别显示寄存器数据的千位、百位、十位和个位。

三、相关资讯

(一) 变址寄存器(V、Z)——功能指令的操作数

变址寄存器V、Z是两组16位的数据寄存器,分别为V0~V7和Z0~Z7。变址寄存器除了与通用数据寄存器有相同的存储数据功能外,主要用于操作数地址的修改或数据内容的修改。变址的方法是将V或Z放在操作数的后面,充当修改操作数地址或内容的偏移量,修改后其实际地址等于操作数的原地址加上偏移量的代数和。若是修改数据,则修改后实际数据等于原数据加上偏移量的代数和。

变址功能可以使地址像数据一样被操作,大大增强了程序的功能。可充当变址操作数的有K、H、KnX、KnY、KnM、KnS、P、T、C、D。

在如图3-37所示的变址操作程序中,当X0=1时,变址寄存器V3中的数据是10,Z3中的数据是20,则地址D0Z3=D(0+20)=D20;常数K30V3=K(30+10)=K40;32位数

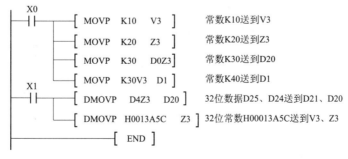

图3-37 变址操作举例

据传送指令"DMOVP D4Z3 D20"表示由 D25、D24 组成的 32 位字元件中的数据传送到 D21、D20 组成的 32 位字元件中。

当需要用 32 位变址寄存器时，就由 V、Z 组合而成。V 是高 16 位，Z 是低 16 位。在操作指令中只要指定 Z，编号相同的 V 就被自动占用。图 3-38 中的传送指令"DMOVP H00013A5C Z3"表示将 32 位的十六进制常数 H00013A5C 送到由 V3、Z3 组成的 32 位字元件中。

【应用举例】

图 3-38 所示为用加 1 减 1 指令及变址寄存器完成的彩灯正序亮至全亮、反序熄至全熄的循环变化。Y0 ~ Y13 接 12 盏彩灯，程序中初始运行时将变址 Z 清零，X1 为控制开关。当 X1 合上后，用 M8013 使 K4Y0Z 中的数据加 1，然后 Z 中的值也加 1，点亮第一盏灯（Y0）。以后每隔 1 s 点亮一盏，依序点亮所有的灯。当 Y14 = 1 时，置位 M1，将加 1 程序切断，并接通减 1 程序。首先将变址 Z 的值减 1，接着将 K4Y0Z 中的数据减 1，即熄灭第 12 盏灯。以后每隔 1 s 熄灭一盏，依次熄灭所有的灯，再循环。

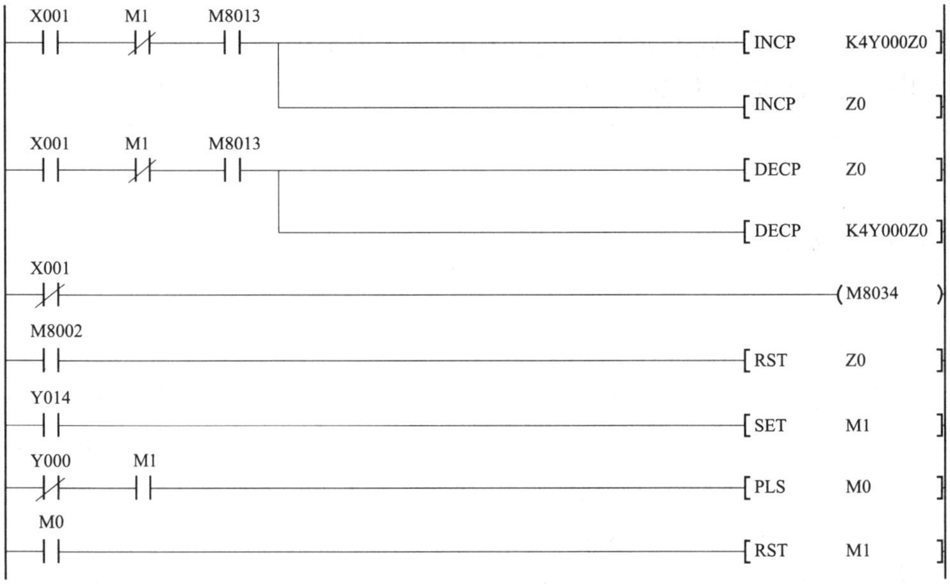

```
  X001   M1    M8013
───┤├───┤/├───┤├──────────────────────[ INCP  K4Y000Z0 ]
                │
                └────────────────────[ INCP  Z0 ]

  X001   M1    M8013
───┤├───┤├────┤├──────────────────────[ DECP  Z0 ]
                │
                └────────────────────[ DECP  K4Y000Z0 ]

  X001
───┤/├────────────────────────────────( M8034 )

  M8002
───┤├─────────────────────────────────[ RST   Z0 ]

  Y014
───┤├─────────────────────────────────[ SET   M1 ]

  Y000   M1
───┤/├───┤├───────────────────────────[ PLS   M0 ]

  M0
───┤├─────────────────────────────────[ RST   M1 ]
```

图 3-38 INC/DEC 指令应用

（二）二进制数与 BCD 码变换指令

1. BCD 码变换为二进制数（BIN）

BIN 变换指令是将源操作数 [S] 中的 BCD 码转换成二进制数，并存入目标操作数 [D] 中。如图 3-39（a）所示，当 X0 = 1 时，K2X0 中的 BCD 码转换成二进制数存入 D10 中。

【说明】

如果源操作数不是 BCD 码就会出错，而且常数 K 不可作为该指令的操作数，因为常数 K 在操作前自动进行二进制变换处理。BCD 码的取值范围：16 位时为 0 ~ 9999，32 位时为 0 ~ 99999999。

2. 二进制数变换为 BCD 码

BCD 码变换指令是将源操作数 [S] 中的二进制数转换成 BCD 码送到目标操作数 [D]

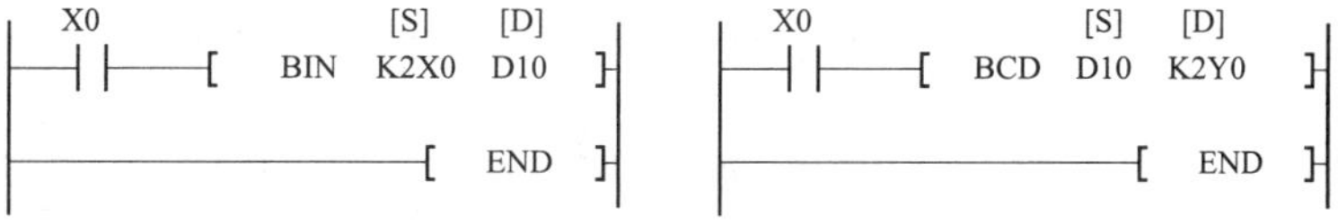

项目三 基于功能指令的 PLC 控制系统设计、编程与调试

图 3-39 BIN 与 BCD 指令说明
(a) BIN 指令；(b) BCD 指令

中。如图 3-39 (b) 所示，当 X0 = 1 时，D10 中的二进制数转换成 BCD 码送到输出端 K2Y0 中。

【说明】

BCD 码变换指令可以用于将 PLC 的二进制数据变为 LED 七段显示码所需的 BCD 码。（可以直接用于带译码器的 LED 数码显示，如图 3-40 所示）

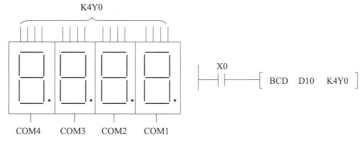

图 3-40 BCD 码指令应用举例

3. 七段码译码指令 SEGD

SEGD 指令是将 [S] 指定元件的低 4 位（只用低 4 位）所确定的十六进制数（0~F）经译码驱动 LED 七段显示器进行显示。SEGD 译码真值表如表 3-8 所示。

表 3-8 SEGD 译码真值表

[S]		七段码显示器	[D]								显示数据
十六进制	二进制		B7	B6	B5	B4	B3	B2	B1	B0	
0	0000	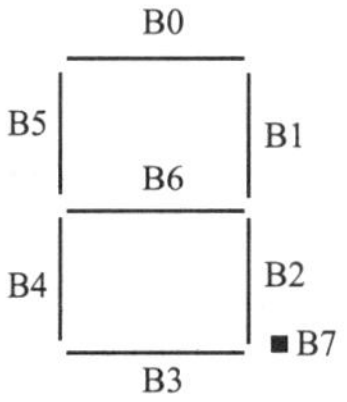	0	0	1	1	1	1	1	1	0
1	0001		0	0	0	0	0	1	1	0	1
2	0010		0	1	0	1	1	0	1	1	2
3	0011		0	1	0	0	1	1	1	1	3
4	0100		0	1	1	0	0	1	1	0	4
5	0101		0	1	1	0	1	1	0	1	5
6	0110		0	1	1	1	1	1	0	1	6
7	0111		0	0	0	0	1	1	1	1	7
8	1000		0	1	1	1	1	1	1	1	8
9	1001		0	1	1	0	1	1	1	1	9

续表

[S]		七段码显示器	[D]								显示数据
十六进制	二进制		B7	B6	B5	B4	B3	B2	B1	B0	
A	1010		0	1	1	1	0	1	1	1	A
B	1011		0	1	1	1	1	1	0	0	b
C	1100		0	0	1	1	1	0	0	1	C
D	1101		0	1	0	1	1	1	1	0	d
E	1110		0	1	1	1	1	0	0	1	E
F	1111		0	1	1	1	0	0	0	1	F

注：B0 代表目标位元件的首位或目标字元件的最低位。

如图 3 – 41 所示，当 X0 = 1 时，D0 中的低 4 位所确定的十六进制数（0 ~ F）经 K2Y0 所连接的七段码进行显示。

图 3 – 41 七段码译码指令 SEGD

4. 位传送指令 SMOV

SMOV 指令是仅适用于 FX2N、FX2NC 的 PLC。如图 3 – 42 所示，当 X000 = 1 时，将 [S] 源数据（D1）中的二进制数先转换成 BCD 码，然后把指定位上的 BCD 码传送到 [D] 指定的目的地址单元（D2）的指定位上，再把目的地址单元中的 BCD 码转换成二进制数。图 3 – 43 中，将源数据（D1）中（已转换成 BCD 码）的数据第 4 位（因为 m1 = K4）起的低 2 位（因 m2 = K2）一起向目标 D2 中传送，传送至 D2 的第 3 位和第 2 位（因 n = K3）。（D2）中的其他位（第 1 位和第 4 位）原数据不变。传送完毕后再转换成二进制数。

BCD 码的数值若超过 9999 则会出错。

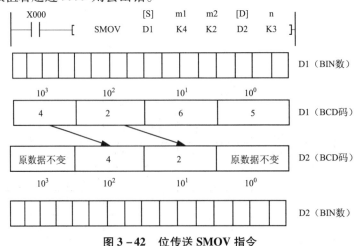

图 3 – 42 位传送 SMOV 指令

项目三 基于功能指令的PLC控制系统设计、编程与调试

【应用举例】

位传送指令的应用如图3-43所示。将D1的第1位(BCD码)传送到D2的第3位(BCD码)并自动转换成BIN数，这样3位BCD码数字开关的数据被合成后，以二进制数方式存入D2中。

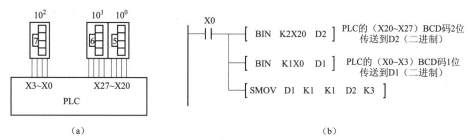

图3-43 位传送指令的应用举例

(a) 不连续的输入端子组成的3个数字开关；(b) 将3个数字开关的数据进行组合的梯形图

四、计划与实施

1. 分配I/O地址

根据本任务的控制要求，选定X0为系统启停开关，输出设备就是显示用的LED数码管。本任务要显示的内容是4位BCD码，因此需要用4个LED数码管，分别显示寄存器内容的千、百、十和个位。如果将四位数码管并行输出显示则需要占用28点输出。若采用分时显示4位BCD码的方案，可节省大量的输出点。例如，图3-45中将4个数码管的阳极并接在Y1~Y7，用Y10~Y13对应连接四位数码管的阴极。再用程序将这4位阴极分时连接到负载电源的负极上，以达到分时显示个、十、百、千位的目的。这样设计，只需要7位数码管阳极输入端和4位阴极COM点(片选端)，共计11位输出点，与同时显示方案相比可节省输出点60%。四位数码管显示控制系统的I/O地址分配及功能说明如表3-9所示。

表3-9 四位数码管显示控制系统的I/O地址分配及功能说明

序号	PLC地址/PLC端子	电气符号/面板端子	功能说明
1	X0	K0	系统启停
2	X1	SB0	操作按钮
3	Y1	a1、a2、a3、a4	数码管阳极输入端
4	Y2	b1、b2、b3、b4	
5	Y3	c1、c2、c3、c4	
6	Y4	d1、d2、d3、d4	
7	Y5	e1、e2、e3、e4	
8	Y6	f1、f2、f3、f4	
9	Y7	g1、g2、g3、g4	

续表

序号	PLC 地址/PLC 端子	电气符号/面板端子	功能说明
10	Y10	COM1	数码管阴极输入端（COM 端）
11	Y11	COM2	
12	Y12	COM3	
13	Y13	COM4	

2. 绘制 PLC 接线图

根据分配的 I/O 地址，绘制四位数码管显示控制系统的 PLC 接线图，如图 3-44 所示。

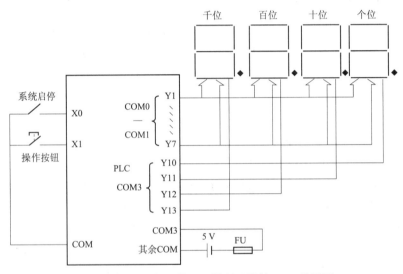

图 3-44 四位数码管显示控制系统的 PLC 接线图

3. 编制 PLC 程序

图 3-45 所示为显示变地址数据寄存器内容的控制程序。程序先给首地址 D0 赋初值 1000，并对变量 Z0 进行清零处理。当 X0 合上后，每按一次 X1，地址号及数据内容都加 1，实现向不同的地址单元赋予不同的数值。

PLC 控制数码显示有两种方案。一种是用带译码器的数码显示，这种方法只需将要显示的内容预先放在指定的地方，用 BCD 码转换指令就可以直接显示出来（可参考图 3-40）。另一种是采用 PLC 机内译码指令 SEGD 进行译码并显示出来。图 3-45 所示的程序采用机内译码方案。

如图 3-45 所示，当 Y010 接通时，先通个位上的数码管，显示个位数据。由于 SEGD 指令只显示个位上的十六进制数，而本任务要显示的内容是 BCD 码，所以要先用 BCD 指令将 D0Z0 中要显示的内容转换成 BCD 码（传送到 D10Z0）再进行显示。当 Y011 接通时，选通十位上的数码管，显示十位上的数据。因此，用位传送 SMOV 指令将 D0Z0 十位上的 BCD 数传送到 D20Z0 的个位上，再用 SEGD 指令进行显示。百位、千位上的数据显示依次类推。

分时显示的时间应尽量短暂，以减少抖动，增强视觉效果。图 3-45 所示程序的分时显示的时间为 0.005 s。

项目三 基于功能指令的 PLC 控制系统设计、编程与调试

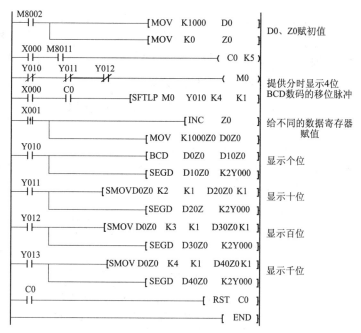

图 3-45 四位数码管显示控制系统的 PLC 程序

4. 接线并调试

将控制程序下载到 PLC 后,按照四位数码管显示控制系统的 PLC 接线图(图 3-44)接线,然后进行调试。在调试时,应先进行静态调试,再进行动态调试。

1)静态调试

断开输出端的用户电源,连接好输入设备,按下各输入按钮,观察 PLC 的输出端子各信号灯的亮灭情况是否与控制要求相符。若不相符,则打开编程软件的在线监控功能,检查并修改程序,直至指示正确。

2)动态调试

接好用户电源和输出设备,观察电动机能否按控制要求动作。若不能,则检查电路的连接情况,直至能按控制要求动作。

五、检查与评估

四位数码管显示控制系统可以在 THPFSL-2 型可编程序控制器综合实训装置实施,两人一组完成,具体评分见表 3-10。

表 3-10 四位数码管显示控制系统设计、编程与调试项目评分

评分项目	评分细则	配分	得分
控制系统电路设计	I/O 地址分配	5	
	PLC 接线图绘制	5	
	PLC 程序编制	20	

续表

评分项目	评分细则	配分	得分
控制系统电路布线、排错、连接工艺	主电路布线、排错、连接工艺	10	
	控制电路布线、排错、连接工艺	15	
PLC 程序调试达到任务拟订的工作目标	在系统启动开关闭合的情况下，每按一次操作按钮，地址号按要求加 1	10	
	在系统启动开关闭合的情况下，每按一次操作按钮，数据寄存器的内容从 1000 开始增加 1，并在数码管上显示出来	15	
	系统启动开关断开，系统关闭	5	
	整个电气控制系统调试正常，达到任务拟订的工作目标	5	
职业素养与安全意识	完成工作任务的所有操作，且符合安全操作规程	5	
	工具摆放、包装物品、导线线头等的处理符合职业岗位的要求，爱惜设备和器材，保持工位整洁	5	
本项目得分			

技能测试

1. 说明变址寄存器 V 和 Z 的作用，当 V = 10 时，K20V、D5V、Y10V、K4X5V 的含义分别是什么？

2. 将十六进制数 H0B 转换成十进制数的形式，并显示出来。

（1）列出 I/O 地址分配表。

（2）编制 PLC 程序（梯形图）。

项目三 基于功能指令的 PLC 控制系统设计、编程与调试

情境 3.5　生产线过程控制系统设计、编程与调试

一、用户需求

某车间要对生产流水线进行过程控制。动态采集 20 个现场数据（16 位），并与标准值进行比较，大于标准值时，报警，具体要求如下：

①动态采集 20 个现场数据（16 位），存放在 D0 ~ D19 中。每隔 0.5 h 找出其中的最大值，将其与标准值（放入 D30 中）进行比较，如果大于标准值，点亮红灯（Y0）。

②每隔 1 h 计算它们的平均值，并与标准平均值（放入 D40 中）进行比较，若大于标准平均值，红灯（Y1）闪烁报警。

二、需求分析

本任务每隔 0.5 h 要对现场的 20 个数据进行反复比较，找出其中的最大值，并与标准值进行比较；每隔 1 h 要计算平均值，并与标准平均值进行比较。这要用到比较指令，还要用到程序控制类指令的编程。

三、相关资讯

（一）条件跳转指令 CJ

条件跳转指令可用来选择执行指定的程序段，跳过暂时不需要执行的程序段。条件跳转指令 CJ 的助记符、操作数等指令属性如表 3 – 11 所示。

表 3 – 11　条件跳转指令 CJ 的指令属性

指令名称	助记符	指令编号（操作位数）	操作数	程序步
条件跳转	CJ（P）	FNC0（16）	P0 ~ P127 P63 表示跳转到 END	CJ（P）3 步 标号 P1 步

图 3 – 46 所示为条件跳转指令 CJ 的应用实例。X0 是手动/自动运行的选择开关。X1、X2 分别是电动机 M1 和 M2 在手动操作方式下的启动按钮（点动控制），X3 是自动运行方式下两台电动机的启动按钮。Y1、Y2 分别是控制电动机 M1 启动和 M2 启动的输出信号。

当 X0 常开触点接通时，执行"CJ P0"指令，跳到标号为 P0 处，执行手动操作程序。此时，分别按下 X1 和 X2，可点动控制 M1 和 M2 进行机床调整；而当 X10 常闭触点接通时，不执行"CJ P0"指令，顺序执行自动运行程序。按下启动按钮 X3，电动机 M1 先启动，5s 后电动机 M2 自行启动运行，按下停止按钮可同时停止两台机床。然后执行"CJ P1"指令，跳过自动程序，直接转到标号 P1 处结束。X10 的常开/常闭触点起连锁作用，使手动操作和自动运行两个程序只能选择其中之一。

使用条件跳转指令时应注意的几个问题：

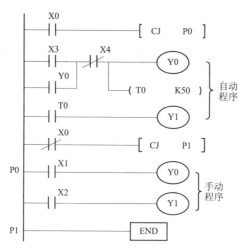

图 3-46 条件跳转指令 CJ 的应用实例

（1）FX_{2N} 系列 PLC 的指针标号 P 有 128 点（P0～P127），用于分支和跳转程序。多条跳转指令可以使用相同的指针标号，但同一个指针标号只能出现一次，否则程序会出错。

（2）如果跳转条件满足，则执行跳转指令，程序跳到以指针标号 P 为入口的程序段开始执行。否则不执行跳转指令，按顺序执行下一条指令。

（3）P63 是 END 所在的步序，在程序中不需要设置 P63。

（4）如果用 M8000 常开触点作为跳转条件，则 CJ 变成无条件跳转指令。

（5）不在同一个指针标号的程序段中出现的同一线圈不看作双线圈。

（6）处于被跳过的程序段中的 Y、M、S，由于该段程序不执行，故即使驱动它们的工作条件发生了变化，它们的状态也依然保持跳转前的状态不变。同理，T、C 如果被跳过，则跳转期间它们的当前值被锁定，当跳转中止、程序继续执行时，定时计数接着进行。

（二）子程序指令

在实际程序编制中，一些逻辑功能相同的程序段常需要被反复运行，为了简化程序结构，我们可以将其编写成子程序，然后在主程序中根据需要反复调用子程序。子程序调用指令 CALL、子程序返回指令 SRET、主程序结束指令 FEND 的相关指令属性如表 3-12 所示。

表 3-12 CALL、SRET、FEND 的相关指令属性

指令名称	助记符	指令编号 操作位数	操作数	程序步
子程序调用	CALL	FNC1（16）	P0～P62 P64～P127	CALL 3 步 标号 P1 步
子程序返回	SRET	FNC2	无	1 步
主程序结束	FEND	FNC6	无	1 步

子程序指令的使用如图 3-47 所示。当 X0 常开触点接通时，执行"CALL P1"，即程序转到标号 P1 处，执行子程序。当执行到子程序的最后一句"SRET"时，程序返回到主程

序，从步骤号4开始继续往下执行。当X0常开触点断开时，标号为P1的子程序不能被调用执行。

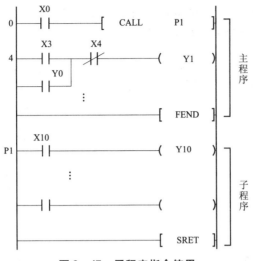

图3-47 子程序指令使用

使用子程序指令时，应注意以下两点：

(1) 主程序在前，子程序在后，即子程序要放在FEND指令之后。不同位置的"CALL"指令可以调用相同标号的子程序，但同一标号的指针只能使用一次，跳转指令中用过的指针标号不能重复使用。

(2) 子程序可以调用下一级子程序，称为子程序嵌套，FX$_{2N}$系列的PLC最多可以有5级子程序嵌套。

【应用举例】

某电动机要求有连续运行和手动调整两种工作方式，用子程序设计的梯形图控制程序如图3-48所示。当工作方式开关X0的常开触点接通时，运行标号为P2的子程序，此时为手动调整状态；当X0的常开触点断开时，运行标号为P1的子程序，此时电动机为连续运行状态。

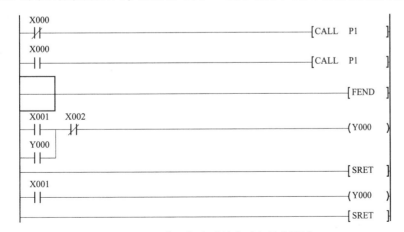

图3-48 两种运行方式的电动机控制程序

（三）循环指令 FOR、NEXT

循环指令用于某种操作反复进行的场合，使用循环指令可以使程序更简洁、方便。循环指令 FOR、NEXT 的助记符、操作数等指令属性如表 3-13 所示。循环指令由 FOR 和 NEXT 两条指令构成，因此这两条指令是被成对使用的。

表 3-13 循环指令 FOR、NEXT 的指令属性

指令名称	助记符	指令编号 （操作位数）	操作数	程序步
循环开始	FOR	FNC8（16）	K、H、KnX、KnY、 KnM、KnS、T、 C、D、V、Z	3 步
循环结束	NEXT	FNC9	无	1 步

【应用举例】

有 10 个数据放在从 D0 开始的连续 10 个数据寄存器中，编制程序计算它们的和。

编制的梯形图程序如图 3-49 所示。当计算控制开关 X0 接通时，先将变址寄存器 Z1 和数据寄存器 D10、D11 清零，再用循环指令从 D0 单元开始进行连续的求和运算，并将所求之和送到 D10 中。若有进位，则标志位 M8022 置 1，向高 16 位 D11 中加 1。然后，变址 Z1 中数据加 1，循环 10 次。最后的结果存于 D11 和 D10 中。

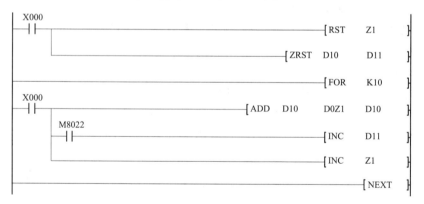

图 3-49 对连续 10 个单元数据求和的梯形图

四、计划与实施

1. 分配 I/O 地址

本任务在这里编程时不涉及 20 个现场数据的动态采集过程。假定这 20 个数据已经采集到位，只对其比较、计算控制进行编程。

选择 X0 作为控制装置的启停开关，两个红灯地址分别为 Y0 和 Y1。生产线过程控制系统的 I/O 地址及功能说明如表 3-14 所示。

项目三 基于功能指令的 PLC 控制系统设计、编程与调试

表 3 – 14 生产线过程控制系统的 I/O 地址及功能说明

序号	PLC 地址/PLC 端子	电气符号/面板端子	功能说明
1	X0	K	启停开关
2	Y0	HL1	红灯 1
3	Y1	HL2	红灯 2

2. 绘制 PLC 接线图

根据分配的 I/O 地址,绘制生产线过程控制系统的 PLC 接线图,如图 3 – 50 所示。

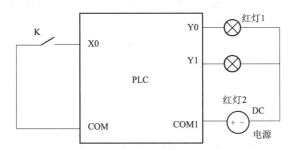

图 3 – 50 生产线过程控制系统的 PLC 接线图

3. 编制 PLC 程序

根据本任务的控制要求,编制出 PLC 的梯形图,如图 3 – 51 所示。

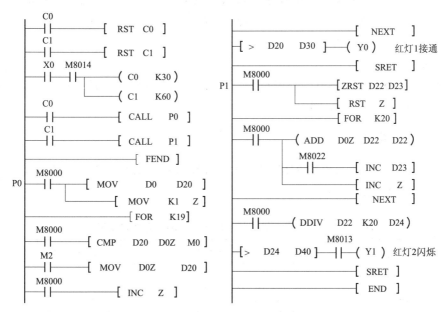

图 3 – 51 生产线过程控制系统的 PLC 程序

程序中,当通过开关输入使 X0 = 1 后,C0、C1 同时对 M8014(1 min 时钟脉冲)计数。C0 每计满 0.5 h,执行一次子程序 P0,即比较 20 个现场数据的大小。C1 每计满 1 h,执行一次子程序 P1,即计算 20 个数据的平均值。

在子程序 P0 中,先将 20 个数据中的第 1 个数据送到 D20 中,赋变址寄存器 Z 的初

· 127 ·

值为1。再用循环指令将剩下的19个数据（因此循环次数应等于19）逐一与D20进行比较，若有比D20数据大的，就直接送往D20覆盖原数据，然后地址变量Z加1。等全部数据比较完毕，20个数据中的最大值就一定存放在D20中。再用触点比较指令将最大值（存放在D20中）与标准值（存放在D30中）对比，若大于标准值就把Y0接通。

在子程序P1中，先将D23、D22清零，地址变量Z也清零，再用循环指令对20个数据逐一相加，并将所求之和存放到D23（高16位）、D22（低16位）中，因此循环次数为20。接下来用32位操作的除法指令将所求的总和除以数据的个数20，得到平均值放到D24中。最后用触点比较指令将这20个数据的平均值（存放在D24）与标准平均值（存放在D40）对照，若大于标准平均值，Y1闪烁（报警）。

本任务要求每隔0.5 h找出最大值，每隔1 h计算平均值。也就是说，当执行子程序P1计算平均值时，还要同时执行子程序P0找出最大值。程序在实际执行时，P0、P1会在同一个扫描周期中执行，每到0.5 h，只执行P0；每到1 h，先执行P0找出最大值，接着执行P1计算平均值。

4. 接线并调试

将控制程序下载到PLC后，按照生产线过程控制系统的PLC接线图（图3-50）接线，然后进行调试。在调试时，应先进行静态调试，再进行动态调试。

1）静态调试

断开输出端的用户电源，连接好输入设备，按下各输入按钮，观察PLC的输出端子各信号灯的亮灭情况是否与控制要求相符。若不相符，则打开编程软件的在线监控功能，检查并修改程序，直至指示正确。

2）动态调试

接好用户电源和输出设备，观察电动机能否按控制要求动作。若不能，则检查电路的连接情况，直至能按控制要求动作。

五、检查与评估

生产线过程控制系统可以在THPFSL-2型可编程序控制器综合实训装置实施，两人一组完成，具体评分见表3-15。

表3-15 生产线过程控制系统设计、编程与调试项目评分

评分项目	评分细则	配分	得分
控制系统电路设计	I/O地址分配	5	
	PLC接线图绘制	5	
	PLC程序编制	20	
控制系统电路布线、排错、连接工艺	主电路布线、排错、连接工艺	10	
	控制电路布线、排错、连接工艺	15	

续表

评分项目	评分细则	配分	得分
PLC 程序调试达到任务拟订的工作目标	闭合启动开关后，能按要求每隔 0.5 h 找出其中的最大值，并与标准值进行比较，如果大于标准值，则点亮红灯	15	
	按要求，每隔 1 h 计算平均值，并与标准平均值进行比较，若大于标准平均值，则红灯（Y1）闪烁（报警）	10	
	断开启动开关后，系统关闭	5	
	整个电气控制系统调试正常，达到任务拟订的工作目标	5	
职业素养与安全意识	完成工作任务的所有操作，且符合安全操作规程	5	
	工具摆放、包装物品、导线线头等的处理符合职业岗位的要求，爱惜设备和器材，保持工位整洁	5	
本项目得分			

技能测试

1. 有 40 个数（16 位）存放在 D0~D39 中，求出其中的最小值并存入 D100 中。

（1）列出 I/O 地址分配表。

（2）编制 PLC 程序（梯形图）。

2. 使用循环指令求 $1+2+\cdots+40$ 的和。

（1）列出 I/O 地址分配表。

（2）编制 PLC 程序（梯形图）。

项目四

过程控制系统设计、编程与调试

过程控制是工业自动化的重要分支。随着自动化技术的快速发展,工业过程控制技术也得到了大幅度提升。无论是在大规模结构复杂的工业生产过程中,还是在传统工业过程改造中,过程控制技术对于提高产品质量及节省能源等均起着十分重要的作用。

本项目由步进电动机控制系统设计、伺服电动机控制系统设计、温度 PID 控制系统设计组成。通过本项目的学习,同学们应该掌握 PLC 脉冲指令、相对位置定位指令、PID 指令的使用方法,掌握 PLC 过程控制系统设计、编程与调试能力,提高自身的职业能力。

情境4.1 步进电动机控制系统设计、编程与调试

一、用户需求

现要求对某一小型机械装置精准控制其转动的圈数或角度。通常情况下,机电一体化设备的角度控制都选择步进电动机作为动力源。现要求设计一个电气控制系统,实现机械装置转动角度的控制,具体要求如下:

按下正转按钮,步进电动机正转2圈;按下反转按钮,步进电动机反转2圈;按下停止按钮,步进电动机马上停止。

二、需求分析

用户要求设计一个能精准控制其转动的圈数或角度的小型机械装置,该类装置可以用步进控制系统或者伺服控制系统实现,因为用户目标只是简单地控制步进电动机的圈数,所以可以采用步进电动机控制系统实现。

三、相关资讯

(一)步进电动机

步进电动机是将电脉冲信号转变为角位移或线位移的开环控制元件,在机电一体化产品中应用得极为广泛。步进电动机的外形及内部结构如图4-1所示。

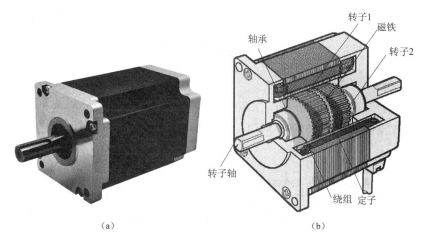

图4-1 步进电动机的外形及内部结构
(a) 外形;(b) 内部结构

步进电动机的特点是每输入一个电脉冲,电动机的转子便转动一步,转一步的角度称为步距角 θ,步距角越小,表明电动机控制的精度越高。由于转子的角位移与输入的电脉冲个数成正比,因此电动机转子转动的速度便与电脉冲频率成正比。改变通电频率,即可改变转速;改

变电动机各相绕组通电的顺序（即相序），即可改变电动机的转向。如果不改变绕组通电的状态，步进电动机还具有自锁能力（能抵御负载的波动，且保持位置不变），从理论上计算，其步距误差也不会积累。因此，步进电动机主要用于开环控制系统的进给驱动。步进电动机的主要缺点是在大负载和高转速情况下，会产生失步，同时输出的功率也不够大。

步进电动机按工作原理分类可分为磁阻式（即反应式）、永磁式和混合式（兼有永磁和磁阻）3 种，按绕组相数可分为两、三、四、五等不同的相数，按电压等级可分为 24 V、30 V、80 V、80/12 V、80/18 V 等。

本实验采用的步进电动机为两相混合式步进电动机，其电压为 10 ~ 40 V，型号为 35BYG250 [35（mm）—机座长度，BYG—混合式，2—两相，50—转子齿数]，其技术参数如表 4-1 所示。

表 4-1 35BYG250 型两相混合式步进电动机技术参数

型号	相数	步距角/(°)	静态相电流/A	相电阻/Ω	相电感/mH	保持转矩/(mN·m)	定位转矩/(mN·m)	转动惯量/(g·cm²)	质量/kg
35BYG250	2	1.8	0.8	5.7	7	110	12	14	0.18

步进电动机 A、B 两相绕组的接线端如图 4-2 所示。

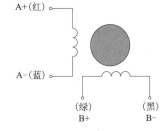

图 4-2 步进电动机接线端

（二）步进电动机驱动器

本实验采用的驱动器型号为 SH-20403，它是两相混合式步进电动机细分驱动器，它的特点是能适应较宽电压范围 10~40 V DC（容量 30 V·A），采用恒电流控制，它的电气性能如表 4-2 所示。

表 4-2 SH-20403 型两相混合式步进电动机驱动器电气性能

供电电源	10~40 V DC（30 V·A）
输出电流	峰值 3 A/相（Max）（由面板拨码开关设定）
驱动方式	恒相电流 PWM 控制（H 桥双极）
励磁方式	整步，半步，4、8、16、32、64 细分（7 种）
输入信号	光电隔离，（共阳单脉冲接口），提供"0"信号 输入信号包括：步进脉冲、方向变换和脱机保持

1. 步进电动机驱动器接线图

步进电动机驱动器的接线图如图 4-3 所示。

项目四　过程控制系统设计、编程与调试

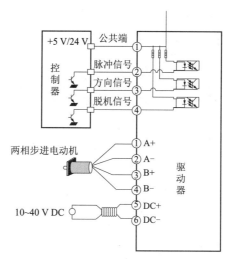

图 4-3　步进电动机驱动器的接线图

2. 输入信号说明

1) 公共端

本驱动器的输入信号采用共阳极接线方式,用户应将输入信号的电源正极连接到该端子上,将输入的控制信号连接到对应的信号端子上。控制信号低电平有效,此时对应的内部光耦导通,控制信号输入驱动器中。

2) 脉冲信号输入

共阳极时该脉冲信号下降沿被驱动器解释为一个有效脉冲,并驱动电动机运行一步。为了确保脉冲信号能可靠响应,共阳极时脉冲低电平的持续时间不应少于 10 μs。本驱动器的信号响应频率为 70 kHz。此外,过高的输入频率将可能得不到正确响应。

3) 方向信号输入

该端信号的高电平和低电平控制电动机的两个转向。共阳极时该端悬空被等效认为输入高电平。控制电动机转向时,应确保方向信号领先脉冲信号至少 10 μs 建立,可避免驱动器对脉冲的错误响应。

4) 脱机信号输入

该端接受控制机输出的高/低电平信号。在共阳极状态下,低电平时,电动机相电流被切断,转子处于自由状态(脱机状态);高电平或悬空时,转子处于锁定状态。

3. 输出电流选择

步进电动机驱动器的输出电流选择如表 4-3 所示。

表 4-3　输出电流选择

面板拨码			输出电流/A	面板拨码			输出电流/A	面板拨码			输出电流/A	面板拨码			输出电流/A
5	6	7		5	6	7		5	6	7		5	6	7	
ON	ON	ON	0.5	ON	OFF	ON	0.7	ON	ON	OFF	0.6	ON	OFF	OFF	0.9
OFF	ON	ON	1.0	OFF	OFF	ON	1.3	OFF	ON	OFF	1.2	OFF	OFF	OFF	1.5

4. 细分等级选择

步进电动机驱动器的细分等级选择如表4-4所示。

表4-4 细分等级选择

面板拨码			细分等级	面板拨码			细分等级	面板拨码			细分等级	面板拨码			细分等级
1	2	3		1	2	3		1	2	3		1	2	3	
ON	ON	ON	保留	ON	OFF	ON	32细分	ON	ON	OFF	8细分	ON	OFF	OFF	半步
OFF	ON	ON	64细分	OFF	OFF	ON	16细分	OFF	ON	OFF	4细分	OFF	OFF	OFF	整步

（三）相对位置定位指令DRVI

DRVI指令格式如图4-4所示，数据设定如表4-5所示。

图4-4 相对位置定位指令

表4-5 相对位置定位指令数据设定

操作数	操作数使用说明	数据类型
$S_1 \cdot$	指定输出脉冲数（相对地址），设定范围：16位指令时为-32 768~+32 768，32位指令时为-999 999~+999 999	16位/32位
$S_2 \cdot$	指定输出脉冲频率，设定范围：16位指令时为10~32 767（Hz），针对FX$_{3G}$系列晶体管输出的PLC其32位指令为10~100 000（Hz）	16位/32位
$D_1 \cdot$	指定脉冲输出起始地址。可编程器必须采用晶体管输出方式，且仅能指定Y000或Y001	1位
$D_2 \cdot$	指定旋转方向信号输出起始地址。方向动作由$S_1 \cdot$的正、负决定，"正"表示ON，"负"表示OFF	1位

四、计划与实施

1. 分配I/O地址

根据控制要求，选择控制元件及分配接线端子，步进电动机控制系统的I/O地址分配及功能说明如表4-6所示。

表4-6 步进电动机控制系统的I/O地址分配及功能说明

序号	PLC地址/PLC端子	电气符号/面板端子	功能说明
1	X0	SB1	正转启动控制
2	X1	SB2	停止控制
3	X2	SB3	反转启动控制

续表

序号	PLC 地址/PLC 端子	电气符号/面板端子	功能说明
4	Y0	PUL -	脉冲信号输出
5	Y3	DIR -	方向信号输出

2. 绘制 PLC 接线图

根据选择的元件及端子分配，绘制步进电动机控制系统的 PLC 外部接线图（可参考图 4-5）。

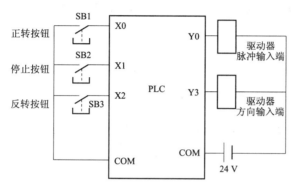

图 4-5 步进电动机控制系统的 PLC 外部接线图

3. 编制 PLC 程序

根据控制要求，结合选择的控制元件和接线端子的分配，编制 PLC 程序。图 4-6 提供了步进电动机控制系统的部分 PLC 程序。

图 4-6 提供的梯形图功能：按下启动按钮（X0），电动机正转两圈；按下反转按钮（X2），电动机反转；按下停止按钮（X1），电动机反转（细分设置为 1 个脉冲，电动机转动 1.8°）。本任务可在此梯形图的基础上完善而成。

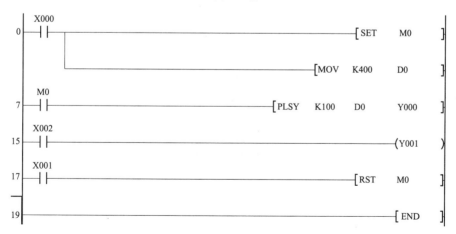

图 4-6 步进电动机控制系统的 PLC 程序（部分）

4. 接线并调试

（1）接线前，务必确保电气柜门前的空气断路器已关闭，然后按照绘制的主电路图和 PLC 外部接线图接线，接线要符合电工工艺。

(2) 将步进电动机的 A、B 两相绕组与驱动器的输出 A+、A- 及 B+、B- 正确相连。

(3) 正确选择输出电流，如表 4-3 所示。例如，步进电动机的相电流为 0.9 A，在表 4-3 中选 5→ON，6→OFF，7→OFF。

(4) 正确选择脉冲步数，如表 4-4 所示。例如，本控制系统选择 16 细分，在表 4-4 中选 1→OFF，2→OFF，3→ON。由表 4-1 可知，步进电动机的步距角为 1.8°，则步进电动机转一圈所需脉冲数为 (360/1.8) ×16，即转一圈需 3 200 个脉冲。

(5) 将程序下载到 PLC。

(6) 分别按下正转、反转或停止按钮，观察电动机的运转情况。

五、检查与评估

步进电动机控制系统可以在 YL-158G 电气控制柜实施，各小组完成项目设计后，由指导老师评估验收，项目评分细则如表 4-7 所示。

表 4-7　步进电动机控制系统设计、编程与调试项目评分

评分项目	评分细则	配分	得分
控制系统电路设计	I/O 地址分配	5	
	PLC 接线图绘制	5	
	PLC 程序编制	20	
控制系统电路布线、排错、连接工艺	主电路布线、排错、连接工艺	10	
	控制电路布线、排错、连接工艺	15	
PLC 程序调试达到任务拟订的工作目标	按下正转按钮，步进电动机正转 2 圈后停止	10	
	按下反转按钮，步进电动机反转 2 圈后停止	10	
	按下停止按钮，步进电动机马上停止	10	
	整个电气控制系统调试正常，达到任务拟订的工作目标	5	
职业素养与安全意识	完成工作任务的所有操作，且符合安全操作规程	5	
	工具摆放、包装物品、导线线头等的处理符合职业岗位的要求，爱惜设备和器材，保持工位整洁	5	
本项目得分			

技能测试

1. 图 4-7 所示为控制工作台示意图。控制任务：按下启动按钮，电动机旋转，拖动工作台从 A 点向右行驶 30 mm，停 2 s，然后向左行驶返回 A 点，再停 2 s，循环运行。按下停止按钮，工作台返回 A 点。

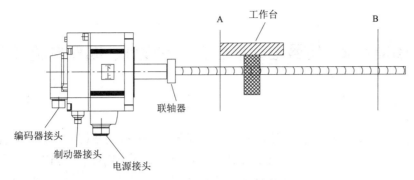

图 4-7 控制工作台示意

(1) 列出 I/O 地址分配表。
(2) 编制 PLC 程序（梯形图）。

情境 4.2 伺服电动机控制系统设计、编程与调试

一、用户需求

采用亚龙 YL-158G 电气柜设备,完成一个伺服电动机控制系统的设计。具体要求:

按下启动按钮,伺服电动机在频率为 1 000 Hz 时旋转 2 周自动停止。当工作中遇到危险时,按下急停按钮,电动机停止。当一个循环工作完成后,需按下复位按钮,才能进入下一项工作。

二、需求分析

用户要求完成一个伺服电动机控制系统,并对伺服驱动器的频率进行了规定。因此,本次任务主要是利用亚龙 YL-158G 电气柜上的 PLC、伺服驱动器、伺服电动机进行程序编写、参数设置,接线与调试。

三、相关资讯

本次任务采用松下 A5 系列伺服电动机。

(一)面板操作说明(表 4-8)

表 4-8 伺服驱动器面板按钮使用说明表

按键说明	激活条件	功能
MODE	在模式显示时有效	在以下 5 种模式之间切换: 1. 监视器模式; 2. 参数设置模式; 3. EEPROM 写入模式; 4. 自动调整模式; 5. 辅助功能模式
SET	一直有效	用来在模式显示和执行显示之间切换
▲ ▼	仅对小数点闪烁的那一位数据位有效	改变各模式里的显示内容、更改参数、选择参数或执行选中的操作
◀		把移动的小数点移动到更高位数

(二)位置控制参数(表 4-9)

表 4-9 伺服驱动器位置控制参数表

参数	出厂值	设定值	备注
Pr0.00	1	0	设定正转方向
Pr0.01	0	0	0 位置控制,1 速度控制

续表

参数	出厂值	设定值	备注
Pr0.02	1	1（标准），2（定位），3（垂直轴），0（手动增益调整模式）	设定自动调整
Pr0.03	13	根据情况而定	刚性设定
Pr0.05	0	线驱动输入（接44、45、46、47）设为1，光耦输入（接3、4、5、6）设为0	
Pr0.11	2 500	电动机1周返回脉冲数	
Pr1.00	320左右	当Pr0.02为0时，根据情况可设高	第一位置环增益
Pr1.01	200左右	当Pr0.02为0时，根据情况可设高（克服震动），使运行平滑	第一速度环增益
Pr1.02	200左右	当Pr0.02为0时，根据情况可设高（使定位更准）	第一速度环积分时间
Pr0.07	1	1（双脉冲）3（脉冲+方向）	脉冲形式选择
Pr0.08	10 000	根据情况而定	马达每转脉冲数
Pr0.09	—	根据情况而定	电子齿轮比分子（如果用电子齿轮，需要把Pr0.08设为0）
Pr0.10	—	根据情况而定	电子齿轮比分母
Pr0.16	0	若报12.0或18.0，需要外加电阻时设为"1"	外置电阻设置
Pr4.05	—	若29号脚不接，设置为"8618883"	内部使能
Pr5.32	4 000	300起滤波作用	指令输入脉冲频率范围（kHz）
Pr5.35	0	为"1"时，面板锁定	前面板锁定设定
Pr6.04	300	不定	JOG速度设定
Pr6.17	0	为"1"时EEPROM写入不同时进行，"0"时反之	参数输入保存选择
Pr6.32	0	当Pr0.03为6时，有效！实时自动调整用户设定	说明

（三）参数设置模式（Pr r 000）

图4-8所示为松下A5系列伺服驱动器面板示意，上电显示"ro"后，按S键，按

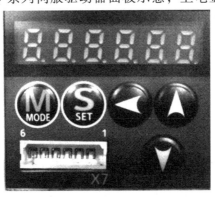

图4-8 松下A5系列伺服驱动器面板示意

M 键切换到参数设置模式（Pr r 000），按▲、▼键或◀键（可移动小数点）设定相应的参数，按 S 键进入，按上升键或下降键修改，按 S 键保持 3 s，按一下 M 键→写入模式（EE_ SEb）→再按 S 键→执行显示（EEP－）→按上升键保持 5 s，直到屏幕显示"Finish/Reset"，结束。

【注意】

设置不同参数时，最终可能显示"Finish"，也可能显示"Reset"。"Finish"表示参数设置完成，"Reset"表示重启有效。

（四）辅助功能模式（AF_RcL）：按上升或者下降键选择项目

1. 自动补偿调整（AF_oF1、oF2、oF3）

AF_RcL→按下降键→屏幕显示"AF_oF1"→按 S 键→屏幕显示"oF1"→持续按上升键执行。

2. 试运行（JOG）

辅助功能模式（AF_RcL）→按 4 次上升键后，屏幕显示"AF_JOG"→按 S 键，屏幕显示"JOG"→持续按上升键（CW），直到屏幕显示"rERdy"→持续按向左键，直到屏幕显示"SrU_on"→持续按上升键（CCW）或下降键，伺服电动机正转或反转。

3. 参数初始化（AF_ini）

按 S 键，屏幕显示"ini"→持续按上升键 5 s，直到屏幕显示"Finish/Reset"→结束（"Finish"表示参数设置完成，"Reset"表示重启有效）。

4. 前面板锁定解除（AF_unL）

按 S 键，屏幕显示"unL"→持续按上升键 5 s，直到屏幕显示"Reset"→结束。以上字母只是近似面板上显示的简码。

（五）常见报警及其原因（表 4－10）

表 4－10 常见报警及原因

序号	报警代码	保护功能	报警原因
1	11	控制电源电压不足	电源电压低或者驱动器故障
2	16	过载	负载过重或电动机电源线相序错误
3	21	编码器通信异常	编码器断线或者虚焊、漏焊、脱焊
4	24	位置偏差过大	电动机未按指令动作，加大 Pr0.14 的值或者设为 0

（六）伺服驱动器接线

在亚龙 YL－158G 设备中，伺服电动机用于定位控制，选用位置控制模式。所采用的是简化接线方式（松下 A5 系列伺服驱动器的接线方式与松下 A4 系列伺服驱动器的接线方式相同），如图 4－9 所示。

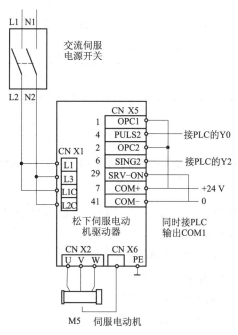

图 4-9　MADD1207003 交流伺服驱动器接线方式

四、计划与实施

1. 分配 I/O 地址

根据控制要求，选择控制元件及分配接线端子，伺服电动机控制系统的 I/O 地址分配及功能说明如表 4-11 所示。

表 4-11　伺服电动机控制系统的 I/O 地址分配及功能说明

序号	PLC 地址/PLC 端子	电气符号/面板端子	功能说明
1	X0	SB0	启动按钮
2	X1	SB1	急停按钮
3	X2	SB2	复位按钮
4	Y0	PULS2	脉冲输出信号
5	Y2	SING2	方向输出信号

2. 绘制 PLC 接线图

主电路及 PLC 输出端子可按图 4-9 进行接线，这里不再赘述。

3. 编制 PLC 程序

根据控制要求，设置伺服电动机驱动器参数（在本任务中，电动机每转脉冲数设置为 1 000），结合选择的控制元件和接线端子的分配，编制 PLC 程序（部分 PLC 程序可参见图 4-10）。本情境任务可以在图 4-10 的基础上完善而成。

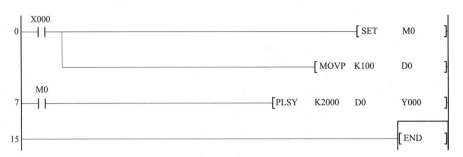

图 4−10 伺服电动机控制系统的 PLC 程序（部分）

4. 接线并调试

（1）接线前，务必确保电气柜门前的空气断路器已关闭，然后按照绘制的主电路图和 PLC 接线图接线，接线要符合电工工艺。

（2）将伺服电动机和伺服驱动器正确接线。

（3）按控制要求编制程序并下载到 PLC。

（4）按下启动按钮，观察伺服电动机动作。

（5）按下停止按钮，观察伺服电动机动作。

（6）按下复位按钮后重新启动，观察伺服电动机动作。

五、检查与评估

伺服电动机控制系统可以在 YL−158G 电气控制柜实施，各小组完成项目设计后，由指导老师评估验收，项目评分细则见表 4−12。

表 4−12 伺服电动机控制系统设计编程与调试项目评分

评分项目	评分细则	配分	得分
控制系统电路设计	I/O 地址分配	5	
	PLC 接线图绘制	5	
	PLC 程序编制	20	
控制系统电路布线、排错、连接工艺	主电路布线、排错、连接工艺	10	
	控制电路布线、排错、连接工艺	15	
PLC 程序调试达到任务拟订的工作目标	按下启动按钮，伺服电动机在频率为 1 000 Hz 时，旋转 2 周后自动停止	15	
	按下急停按钮，电动机立即停止	5	
	一个循环完成后，按下复位按钮，才能进入下一项工作	10	
	整个电气控制系统调试正常，达到任务拟订的工作目标	5	

续表

评分项目	评分细则	配分	得分
职业素养与安全意识	完成工作任务的所有操作，且符合安全操作规程	5	
	工具摆放、包装物品、导线线头等的处理符合职业岗位的要求，爱惜设备和器材，保持工位整洁	5	
本项目得分			

技能测试

按下启动按钮，伺服电动机正转，正转 5 圈后停止 1 s，然后反转 4 圈停止 1 s，如此反复循环 3 次，系统关闭。在伺服电动机运行过程中，按下急停按钮，电动机马上停转，同时指示灯以 2 Hz 频率闪烁。请设计这一控制系统。

(1) 列出 I/O 地址分配表。

(2) 编制 PLC 程序（梯形图）。

情境 4.3　温度 PID 控制系统设计、编程与调试

一、用户需求

采用天煌教仪的 THPFSL-2 实训设备，完成一个温度 PID 控制系统的设计，以实现 PID 温度控制，控制面板示意如图 4-11 所示。

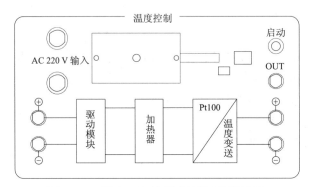

图 4-11　温度 PID 控制系统控制面板示意

具体要求：

利用 PLC 模拟量输出端输出加热信号，对受热体进行加热，并通过 PLC 模拟量模块输入端采集温度变送端物体的温度信号，经 PLC 程序的 PID 运算后，由 PLC 模拟量输出端输出控制信号以驱动控制加热器。

二、需求分析

用户要求完成一个温度 PID 控制系统的设计。本设计可以通过热电偶或者热电阻采集温度变送端物体的温度信号，并把温度信号作为模拟量输入传送给 PLC。PLC 根据采集的温度信号与设定的温度值进行 PID 运算，并将运算的结果传送给 PLC 模拟量输出模块，最后通过模拟量输出模块控制加热体，形成一个闭环的 PID 控制系统。

三、相关资讯

（一）模拟量输入模块

模数转换（A/D）模块的作用是将现场仪表输出的（标准）模拟量信号（0~10 mA，4~20 mA，1~5 V DC 等）转化为计算机可以处理的数字信号。

模拟量输入模块通常包括一个多路模拟量转换开关、一个 A/D 转换器和译码器，以及总线单元等。一个模拟量输入模块通常包括 2~4 个通道的模拟量输入端，经模块内部模拟转换开关连到一个转换器上。一般来说，模拟量电压的输入范围为 1~5 V 或 -10~+10 V，模拟量电流的输入范围为 4~20 mA 或 -20~+20 mA。不同的模拟量输入模块采用的转换器不同，转换后数字量的位数也不同，一般有 10 位、12 位、14 位（二进制）等。因此，

各模块的最大分辨率也不同,位数越多,分辨率越高。

表 4-13 所示为 FX_{2N}-2AD 模拟量输入模块的特性参数。FX_{2N}-2AD 模拟量输入模块的特点是提供 12 位高精度分辨率和 2 通道电压(0~5 V DC 或 0~10 V DC)输入或电流(4~20 mA DC)输入。

表 4-13 FX_{2N}-2AD 模拟量输入模块参数

项目	输入电压	输入电流
模拟量输入范围	0~5 V DC 或 0~10 V DC(输入电阻 200 kΩ) 绝对最大量程:-0.5 V 和 +15 V 直流	直流 4~20 mA(输入电阻 250 Ω) 绝对最大量程:-2 mA 和 +60 mA 直流
数字输出	12 位	
分辨率	2.5 mV(10 V/4 000);1.25 mV(5 V/4 000)	4 μA,即[(20-4)mA /4 000]
总体精度	±1%(满量程 0~10 V)	±1%(满量程 4~20 mA)
转换精度	2.5 ms 每通道(顺控程序和同步)	
隔离	在模拟和数字电路之间光电隔离;直流/直流变压器隔离主单元电源; 模拟量之间没有隔离	
电源规格	5 V、20 mA DC(主单元提供的内部电源); 24(1±10%)V、50 mA 直流(主单元提供的内部电源)	
占用 I/O 点数	本单元占用 8 个输入或输出点(输入或输出点均可)	
适用控制器	FX_{1N}/FX_{2N}	
尺寸(宽×厚×高)	43 mm×87 mm×90 mm	

根据外部连接方法及 PLC 指令,可以选择电压输入或电流输入,FX_{2N}-2AD 是一种具有高精确度的输入模块。通过简易的调整或根据可编程序控制器的指令可改变模拟量输入的范围。瞬时值和设定值等数据的读出和写入用 FROM/TO 指令进行。

同一模拟量输入端既可以连接电压信号,也可以连接电流信号。FX_{2N}-2AD 的结构型式如图 4-12 所示,接线方式如图 4-13 所示。A/D 转换(A/D、AI)的作用可表示为图 4-14。

图 4-12 FX_{2N}-2AD 的结构型式

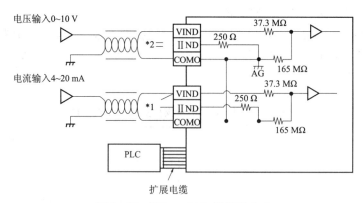

图 4-13 FX$_{2N}$-2AD 的接线方式

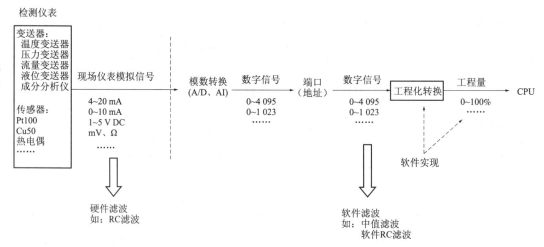

图 4-14 A/D 转换的作用

【注意】

(1) FX$_{2N}$-2AD 不能将一个通道作为电压输入而将另一个通道作为电流输入,这是因为两个通道使用相同的偏置量和增益值。对于电流输入,需短接 VIN 和 IIN,如图 4-13 所示的位置*1。

FX$_{2N}$-2AD 装运出厂时,对于电压输入为 0~10 V,调整的数值为 0~4 000,如图 4-15 所示。当 FX$_{2N}$-2AD 用作电流输入或为 0~5 V DC 电压输入时,就有必要进行偏置值和增益值的再调节。偏置值和增益值的调节是对实际的模拟输入值设定一个数字值,这是根据 FX$_{2N}$-2AD 的容量调节器,使用电压发生器和电流发生器来完成的,如图 4-15 所示。

增益值可设置为任意数字值。但是,为了充分利用 12 位分辨率,可使数字值范围为 0~4 000。"充分利用分辨率"是应用 PLC 对现场模拟量进行处理和控制时必须注重的技术概念。"分辨率"是 PLC 对某种物理量进行细分的能力,它直接决定着 PLC 对传感器信号精确度的利用是否充分。例如,某种温度传感器信号精确度为其满量程的 1/4 000,那么使用 0~4 000 的数字值范围对传感器信号精度的利用是充分的,若仅使用 0~2 000 的数字值范围,则未能充分利用传感器信号精确度,即在数据处理的过程中带来了附加误差,使原本 1/4 000 的精确度被降低为 1/2 000。

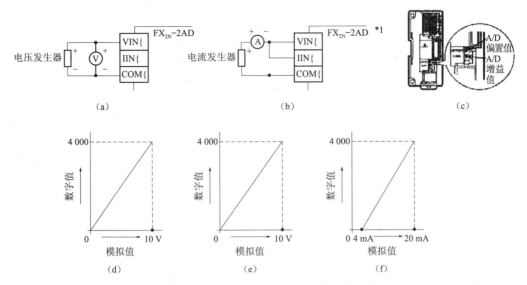

图 4-15 FX$_{2N}$-2AD 偏置值和增益值调整

(a) 电压输入；(b) 电流输入；(c) 容量调节器；(d) 出厂时的电压输入特性 (0~10 V)；
(e) 电压输入特性 (0~5 V)；(f) 电流输入特性 (4~20 mA)

(2) 当电压输入存在波动或有大量噪声时，可在图 4-13 位置*2 处连接一个 0.1~0.47 μF、25 V 的电容。

(3) 对于带有扩展单元的主单元来说，FX$_{2N}$ 系列 PLC 可连接的 FX$_{2N}$-2AD 的数目不超过 8 个。

(二) 模拟量输出模块

数模转换 (D/A) 模块的作用是将计算机内部的数字信号转化为现场仪表可以接收的标准信号 (4~20 mA 等)。例如，12 位数字量 (0~4 095) → 4~20 mA，则 2 047 对应的转换结果为 12 mA。

模拟量输出模块通常包括一个多路转换开关、一个 D/A 转换器和译码器，以及控制单元等。一个模拟量输出模块通常包括两个通道的模拟量输出端。一般来说，模拟量输出的电压范围为 1~5 V 或 -10~+10 V，电流范围为 4~20 mA 或 -20~+20 mA。不同的模拟量输出模块的数模转换器位数也不同，一般有 10 位、12 位、14 位（二进制）等。因此，各模块的最大分辨率也不同，位数越多，分辨率越高，输出的电压或电流越接近连续变化的模拟量。

表 4-14 所示为 FX$_{2N}$-2DA 模拟量输出模块的特性参数。FX$_{2N}$-2DA 模拟量输出模块的特点是提供 12 位高精度分辨率和 2 通道电压（直流 0~5 V 或直流 0~10 V）输出或电流（直流 4~20 mA）输出，同时对每一通道可以规定电压或电流输出。

和 FX$_{2N}$-2AD 一样，FX$_{2N}$-2DA 为 2 通道 12 位 D/A 转换模块，是一种具有高精确度的输出模块。通过简易的调整或根据可编程序控制器的指令可改变模拟量输出的范围。瞬时值和设定值等数据的读出和写入用 FROM/TO 指令进行。

同一模拟量模块分别设有电压输出和电流输出的接线端子，用于电压输出时要短接 IOUT

和 COM 端，其接线方式如图 4-16 所示。D/A 转换（D/A、AO）的作用可表示为图 4-17。

表 4-14 FX$_{2N}$-2DA 模拟量输出模块参数

项目	输出电压	输出电流
模拟量输出范围	0~5 V DC、0~10 V DC（外部负载电阻 2 kΩ~1 MΩ）	4~20 mA DC（外部负载电阻不超过 500 Ω）
数字输出	12 位	
分辨率	2.5 mV（10 V/4 000）；1.25 mV（5 V/4 000）	4 μA，即 [（20-4）mA /4 000]
总体精度	±1%（满量程 0~10 V）	±1%（满量程 4~20 mA）
转换精度	4 ms 每通道（顺控程序和同步）	
隔离	在模拟和数字电路之间光电隔离；直流/直流变压器隔离主单元电源；模拟量之间没有隔离	
电源规格	5 V、30 mA 直流（主单元提供的内部电源）；24（1±10%）V、85 mA 直流（主单元提供的内部电源）	
占用 I/O 点数	本单元占用 8 个输入或输出点（输入或输出点均可）	
适用控制器	FX$_{1N}$/FX$_{2N}$	
尺寸（宽×厚×高）	43 mm×87 mm×90 mm	

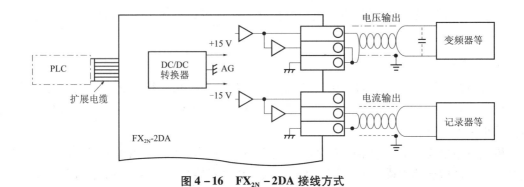

图 4-16 FX$_{2N}$-2DA 接线方式

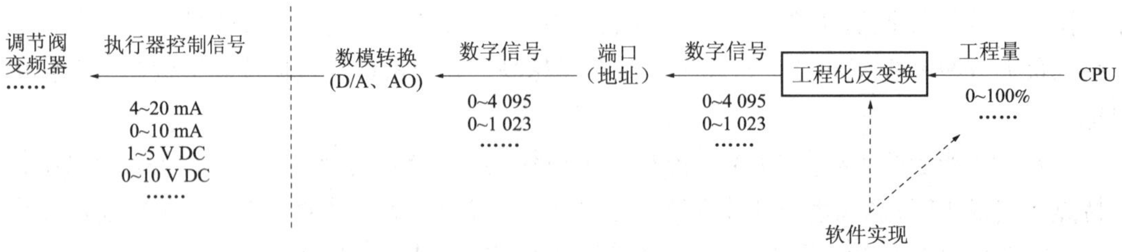

图 4-17 D/A 转换（D/A、AO）的作用

【注意】

（1）FX$_{2N}$-2DA 可以将一个通道作为电压输出而将另一个通道作为电流输出。但对于电压输出，需短接 IOUT 和 COM 端。

FX_{2N}-2DA 装运出厂时，对于 0~10 V 电压输出，此单元数值为 0~4 000。当 FX_{2N}-2DA 用于电流输出或为 0~5 V DC 电压输出，就有必要进行偏置值和增益值的再调节。偏置值和增益值的调节是对数字值设置实际的输出模拟值，这是根据 FX_{2N}-2DA 的容量调节器，使用电压计和电流计来完成的，如图 4-18 所示。

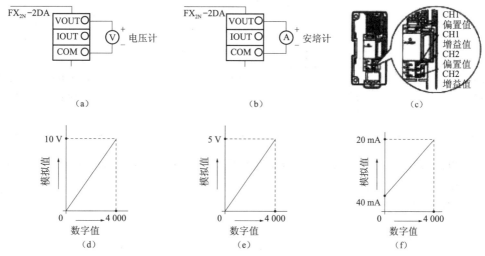

图 4-18 FX_{2N}-2DA 偏置值和增益值调整

(a) 电压输出；(b) 电流输出；(c) 容量调节器；(d) 电压输出特性（0~10 V）；
(e) 电压输出特性（0~5 V）；(f) 电流输出特性（4~20 mA）

(2) 当电压输出存在波动或有大量噪声时，可在输出端连接一个 0.1~0.47 μF、25 V 的电容。

(3) 对于带有扩展单元的主单元来说，FX_{2N} 系列 PLC 可连接的 FX_{2N}-2DA 的数目不超过 8 个。PLC 除了具有开关量和模拟量 I/O 模块以外，还有其他一些功能模块（如快速响应模块、高速计数器模块、定位控制模块、通信接口模块等），以实现不同的功能要求。

(4) 各功能模块的具体应用可查看三菱 FX 系列特殊功能模块使用手册。

（三）I/O 模块编号

在 FX 系列可编程序控制器基本单元的右侧，可以最多连接 8 个特殊功能模块。它们的编号从最靠近基本单元的那一个开始顺次编为 0~7 号。如图 4-19 所示，该配置使用 FX_{2N} 48 点基本单元，连接 FX-4AD、FX-4DA、FX-2AD 3 块模拟量模块，它们的编号分别为 0、1、2 号。这 3 块模块不影响右边 2 块扩展的编号，但会影响到总的输入/输出点数。3 块模拟量模块共占用 24 点，所以基本单元和扩展的总输入/输出点数只能有 232 点。

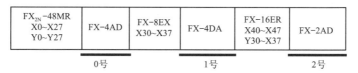

图 4-19 I/O 模块编号

（四）读写特殊功能模块指令

1. 读特殊功能模块指令

读特殊功能模块指令的相关介绍如表 4-15 所示。

表 4-15 读特殊功能模块指令

指令助记符	指令格式	步数
FNC78 (D) FROM (P)	 m1,m2,n m1: 0~7 m2: 0~32,767 n : 1~32,767	FROM (P) 9 步； DFROM (P) 17 步

指令功能：FROM 指令从第 m1 特殊功能模块的缓冲区起始地址 m2 读 n 个字，所读数据存入首地址为 [D.] 的 n 个元件中。

FROM 基本使用方法示例如图 4-20 所示。

```
      X0              m1  m2  [D.] n
  ────┤├──────────[ FROM K1  K10 D10 K6 ]
```

图 4-20 FROM 指令实用示例

在图 4-20 所示的程序中，若 X0 为 OFF，FROM 指令不执行，传送地址的数据不变化。当 X0 为 ON 时，将 1 号特殊功能模块内 10 号缓冲寄存器（BFM #10）开始的 6 个数据读到基本单元，并依次存入 D10~D15 中。

指令使用说明（图 4-21）：

（1）m1：特殊功能模块块号（范围 0~7）。接在 FX_{2N} 基本单元右边扩展总线上的功能模块（如模拟量输入单元、模拟量输出单元、高速计数器等），从最靠近基本单元那个开始顺次编为 0~7 号。

（2）m2：特殊功能模块缓冲寄存器首元件号（范围 0~32,767）。用 32 位指令对 BFM 进行处理时，指定的 BFM 为低 16 位，其后续编号的 BFM 为高 16 位。

（3）n：待转送数据的字数（范围 1~32,767）。16 位指令的 n=2 和 32 位指令的 n=1 具有相同的意义。

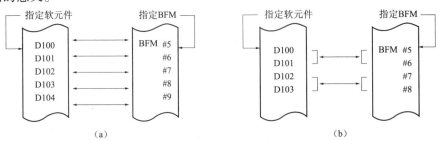

图 4-21 FROM 指令使用说明

(a) 16 位指令 n=5 时；(b) 32 位指令 n=2 时

2. 写特殊功能模块指令

写特殊功能模块指令的相关介绍如表 4-16 所示。

表 4-16 写特殊功能模块指令

指令助记符	指令格式								步数
FNC79 (D) TO (P)	[S]								TO (P) 9 步; DTO (P) 17 步
	K,H	KnX	KnY	KnM	KnS	T	C	D	V,Z	
	m1,m2,n m1: 0~7 m2: 0~32,767 n : 1~32,767								

指令功能: TO 指令是将基本单元中以 [S.] 为首地址的 n 个字元件中的数据,写到 m1 所指定的逻辑块地址的特殊功能模块,以 m2 起始地址的缓冲区中。

基本使用方法示例如图 4-22 所示。

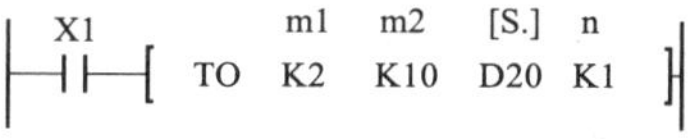

```
    X1           m1  m2 [S.] n
    ├─┤ ├──── TO  K2  K10 D20 K1 ┤
```

图 4-22 TO 指令使用说明

在图 4-22 所示的程序中,若 X1 为 OFF,TO 指令不执行,特殊模块的数据不变化。当 X1 为 ON 时,将 D20 的内容写入 1 号特殊模块的 10 号缓冲寄存器(BFM#10)中。

指令使用说明:

(1) m1、m2、n 的说明与 FORM 指令的说明相同。

(2) 特殊功能模块所占的 I/O 点数:需要用 FROM、TO 指令的特殊功能模块,每个模块占 8 个 I/O 点,可计入输入点或输出点。尽管每个模块占 8 个 I/O 点,但不影响普通 I/O 点的编号。

特殊继电器 M8028 对 FROM、TO 指令的影响:

当 M8028 = OFF 时,FROM、TO 指令执行时自动进入中断禁止状态,输入中断和定时中断将不执行。这期间发生的中断在 FROM、TO 指令完成后,立即执行。另中断程序中可以使用 FROM、TO 指令。

当 M8028 = ON 时,FROM、TO 指令执行中若发生中断则立即执行中断程序,但中断程序中不能使用 FROM、TO 指令。

(五) 缓冲寄存器(BFM) 分配

FX 系列可编程序控制器基本单元与 FX-4AD、FX-2DA 等模拟量模块之间的数据通信是由 FROM 指令和 TO 指令来执行的,FROM 是基本单元从 FX-4AD、FX-2DA 读数据的指令,TO 是从基本单元将数据写到 FX-4AD、FX-2DA 的指令。实际上,读、写操作都是对 FX-4AD、FX-2DA 的缓冲寄存器 BFM 进行的。这一缓冲寄存器区由 32 个 16 位的寄存器组成,编号为 BFM#0 ~ #31。

1. FX_{2N}-2AD 模块 BFM 的分配

FX_{2N}-2AD 模块 BFM 的分配如表 4-17 所示。

表 4-17 FX$_{2N}$-2AD 模块 BFM 的分配

BFM 编号	b15~b8	b7~b4	b3	b2	b1	b0
#0	保留	输入数据的当前值（低8位数据）				
#1	保留	输入数据当前值（高端4位数据）				
#2~#16	保留					
#17	保留				模拟到数字转换开始	模拟到数字转换通道
#18 或更大	保留					

【说明】

BFM#0：由 BFM#17（低8位数据）指定的通道的输入数据当前值被存储。当前值数据的存储形式为二进制。

BFM#1：输入数据当前值（高端4位数据）被存储。当前值数据的存储形式为二进制。

BFM#17：b0 表示进行模拟到数字转换的通道（b0=0 表示 CH1，b0=1 表示 CH2）。

　　　　b1 由 0→1 表示 A/D 转换过程开始。

2. FX$_{2N}$-4AD 模块 BFM 的分配

FX$_{2N}$-4AD 模块 BFM 的分配如表 4-18 所示。

表 4-18 FX$_{2N}$-4AD 模块 BFM 的分配

BFM		内容
*#0		通道初始化，缺省设定值 = H0000
*#1	通道1	平均值取样次数，范围 1~4 096，缺省值 = 8
*#2	通道2	
*#3	通道3	
*#4	通道4	
#5	通道1	根据设定的平均值取样次数，得到通道 1~4 各自的平均值
#6	通道2	
#7	通道3	
#8	通道4	
#9	通道1	通道 1~4 各自的当前值
#10	通道2	
#11	通道3	
#12	通道4	
#13~#14	保留	
#15	选择 A/D 转换速度	当设定值 = 0 时，选择标准转换方式，每通道 15 ms（缺省值） 当设定值 = 1 时，选择高速转换方式，每通道 6 ms

续表

BFM	内容								
#16~#19	保留								
*#20	重置为缺省设定值，缺省设定值＝0								
*#21	禁止零点偏移调整和增益调整，缺省设定值＝（0，1）允许								
*#22	零点偏移，增益调整	G4	O4	G3	O3	G2	O2	G1	O1
*#23	零点偏移，缺省值＝0								
*#24	增益值，缺省值＝5 000								
#25~#28	空置								
#29	出错信息								
#30	识别码 K2010								
#31	不能使用								

【说明】

（1）表中带＊号的缓存器可以使用 TO 指令写入 PLC；表中不带＊号的缓存器可以使用 FROM 指令读取到 PLC。

（2）BFM#0，通过十六进制的 4 位数字 HXXXX 对各个通道进行初始化，举例如下：

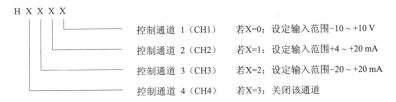

例如，BFM#0 = H3310，则

CH1：设定输入范围 -10 ~ +10 V；

CH2：设定输入范围 +4 ~ +20 mA；

CH3，CH4：关闭该通道。

（3）输入平均取样次数到 BFM#1~BFM#4。

（4）根据平均取样次数，输入平均值到 BFM#5~BFM#8。

（5）输入当前值到 BFM#9~BFM#12。

（6）当 BFM#20 被置为 1 时，整个 FX_{2N}-4AD 模块的设定值均恢复到缺省设定值。这是快速擦除零点偏置和非缺省增益设定值的方法。

（7）如果将 BFM#21 的 b1、b0 分别置为 1、0，则增益和零点的设定值禁止改动。如果要改动零点和增益的设定值，则必须令 b1、b0 的值分别为 0、1。BFM#21 缺省设定值为（0，1）。

（8）在 BFM#23 和 BFM#24 内的增益和零点偏移设定值会被送到指定的输入通道中，需要调整的输入通道由 BFM#22 的 G、O（增益、零点）位的状态来指定。例如，若将 BFM#22 的 G1、O1 置 1，则 BFM#23 和 BFM#24 的设定值即可送入通道 1 的增益和零点寄存器。

各通道的增益和零点既可以统一调整,又可以独立调整。

(9) BFM#29 中各位的状态是 FX$_{2N}$ - 4AD 模块运行正常与否的信息。

(10) BFM#30 中存储的是特殊功能模块的识别码,PLC 可用 FROM 指令读入。FX$_{2N}$ - 4AD 的识别码为 K2010。用户在程序中可以方便地利用这一识别码在传送数据前先确认该特殊功能模块。

3. FX$_{2N}$ -2DA 模块 BFM 的分配

FX$_{2N}$ -2DA 模块 BFM 的分配如表 4-19 所示。

表 4-19 FX$_{2N}$ -2DA 模块 BFM 的分配

BFM 编号	b15 ~ b8	b7 ~ b3	b2	b1	b0
#0 ~ #15	保留				
#16	保留	输出数据的当前值(8 位数据)			
#17	保留		D/A 低 8 位数据保持	通道 1 D/A 转换开始	通道 2 D/A 转换开始
#18 或更大	保留				

【说明】

BFM#16:由 BFM#17(数字值)指定的通道的 D/A 转换数据被写。D/A 数据为二进制形式,并以低端 8 位和高端 4 位两部分的顺序进行写。

BFM#17:b0——通过将 1 改变成 0,CH2 的 D/A 转换开始。

b1——通过将 1 改变成 0,CH1 的 D/A 转换开始。

b2——通过将 1 改变成 0,D/A 转换的低端 8 位数据保持。

(六)PID 指令使用

PID 指令格式如图 4-23 所示。

[PID   D10   D2   D202   D3]

图 4-23 PID 指令格式

图 4-23 的指令将接收一个当前值(S2),再将这个当前值与一个预定义的设定值(S1)相比较。如果两个值不同或出错,则通过一个 PID 环路处理,产生一个纠错因子。

四、计划与实施

1. 分配 I/O 地址

温度 PID 控制系统的 I/O 地址分配及功能说明如表 4-20 所示。

表 4-20 温度 PID 控制系统的 I/O 地址分配及功能说明

序号	PLC 地址(模拟量端子)	面板端子	功能说明
1	VIN1	温度变送 +	变送器输出正信号

续表

序号	PLC 地址（模拟量端子）	面板端子	功能说明
2	COM1	温度变送 -	变送器输出负信号
3	VOUT	驱动信号 +	驱动正信号
4	COM	驱动信号 -	驱动负信号

注：模拟量模块 COM、COM1 同时接电源 GND。

2. 绘制 PLC 接线图

根据选择的元件及端子分配，绘制 PLC 外部接线图，其中模拟量输入的接线可以参考图 4 - 13（FX_{2N} - 2AD 接线方式），模拟量输出的接线可以参考图 4 - 16（FX_{2N} - 2DA 接线方式）。

3. 编制 PLC 程序

根据控制要求，结合选择的控制元件和接线端子的分配，编制 PLC 程序，其中控制程序流程如图 4 - 24 所示，PID 控制部分的 PLC 程序如图 4 - 25 所示。本情境任务的 PLC 程序可以在图 4 - 25 的基础上完善而成。

图 4 - 24 温度 PID 控制系统的控制程序流程

4. 接线并调试

（1）接线前，务必确保实训设备连接总电源的空气断路器已关闭，然后按照绘制的 PLC 外部接线图接线，接线要符合电工工艺。

（2）按照 I/O 地址分配表或 PLC 接线图完成 PLC 与实训模块之间的接线，认真检查，确保正确无误。

（3）打开示例程序或用户自己编写的控制程序进行编译，有错误时根据提示信息修改，直至无误，用 SC - 09 通信编程电缆连接计算机串口与 PLC 通信口，打开 PLC 主机电源开关，下载程序至 PLC 后，将 PLC 的"RUN/STOP"开关拨至"RUN"状态。

（4）程序运行后，模拟量输出端输出加热信号，驱动加热器，对受热体进行加热。

（5）模拟量模块输入端将温度变送端采集的物体温度信号作为过程变量，经程序 PID 运算后，由模拟量输出端输出控制信号至驱动端控制加热器。

图4-25 温度PID控制系统的PLC程序（部分）

五、检查与评估

温度PID控制系统可以在THPFSL-2型可编程序控制器综合实训装置实施，各小组完成项目设计后，由指导老师评估验收，项目评分细则见表4-21。

表4-21 温度PID控制系统设计项目评分

评分项目	评分细则	配分	得分
控制系统电路设计	I/O 地址分配	5	
	PLC 接线图绘制	5	
	PLC 程序编制	20	

续表

评分项目	评分细则	配分	得分
控制系统电路布线、排错、连接工艺	主电路布线、排错、连接工艺	10	
	控制电路布线、排错、连接工艺	15	
PLC 程序调试达到任务拟订的工作目标	按下启动开关后，输入设定温度，PLC 模拟量输出模块能输出加热信号，对受热体进行加热	10	
	PLC 模拟量输入模块能采集温度信号，并通过 PID 运算后，控制 PLC 模拟量输出信号，使加热端稳定在设定温度	20	
	整个电气控制系统调试正常，达到任务拟订的工作目标	5	
职业素养与安全意识	完成工作任务的所有操作，且符合安全操作规程	5	
	工具摆放、包装物品、导线线头等的处理符合职业岗位的要求，爱惜设备和器材，保持工位整洁	5	
本项目得分			

技能测试

1. 校准模拟量输入模块 $FX_{2N}-2AD$ 和模拟量输出模块 $FX_{2N}-2DA$ 的偏置与增益。

2. 有一个压力传感器，感应压力范围为 0~10 MPa，输出电压为 0~10 V。利用这个传感器去测量某管道油压，当测到的压力小于 6.0 MPa 时，红色指示灯常亮，表示压力低；当测到的压力在 6.0~8.5 MPa 时，绿色指示灯常亮，表示压力正常；当测到的压力大于 8.5 MPa 时，红色指示灯以 1 Hz 频率闪烁，表示压力超高。请用 PLC 模拟量模块设计这一压力检测系统。

(1) 列出 I/O 地址分配表。

(2) 编制 PLC 程序（梯形图）。

附 录

附录1　FX 系列 PLC 的编程软件及其应用

三菱 GX Developer 编程软件，是应用于三菱系列 PLC 的中文编程软件，可在 Windows XP 操作系统环境运行。

1. GX Developer 编程软件的主要功能

GX Developer 的功能十分强大，集成了项目管理、程序键入、编译链接、模拟仿真和程序调试等功能，其主要功能如下：

（1）可通过线路符号、列表语言及 SFC 符号创建 PLC 程序，建立注释数据，以及设置寄存器数据。

（2）可将创建的 PLC 程序存储为文件，通过打印机打印。

（3）创建的 PLC 程序可在串行系统中与 PLC 进行通信、文件传送、操作监控及各种测试功能。

（4）创建的 PLC 程序可脱离 PLC 进行仿真调试。

2. GX Developer 编程软件的安装

运行安装盘中的"SETUP"，按照逐级提示即可完成 GX Developer 的安装。安装结束后，桌面上会出现一个和"GX Developer"相对应的图标，同时在 Windows 的［开始］→［程序］中会出现"MELSOFT 应用程序→GX Developer"选项。若需增加"模拟仿真"功能，则在上述安装结束后，再运行安装盘中的 LLT 或 Simulator 6.0 文件夹下的"SETUP"，按照逐级提示即可完成"模拟仿真"功能的安装。

3. GX Developer 编程软件的界面

双击桌面上的"GX Developer"图标，即可启动 GX Developer，其界面如附图 1 - 1 所示。GX Developer 的界面由项目标题栏、菜单栏、快捷工具栏、编辑窗口、管理窗口等部分组成。在调试模式下，可打开远程运行窗口、数据监视窗口等。

1）标题栏

GX Developer 的标题栏主要包含工程项目路径和工程项目名称等信息。

2）菜单栏

GX Developer 共有 10 个主菜单项，每个主菜单项又包含若干子菜单项。其中一些菜单项的使用方法和目前通用文本编辑软件的同名菜单项的使用方法基本相同。在实际使用中，多数使用者很少直接使用菜单项，而是使用快捷工具。菜单项的右边有相应的快捷键，常用的菜单项都有相应的快捷按钮。

3）快捷工具栏

GX Developer 共有 8 个快捷工具栏，即标准、数据切换、梯形图标记、程序、注释、软元件内存、SFC、SFC 符号工具栏。单击［显示］菜单下的［工具条］命令，即可显示这些工具栏。常用的工具栏有标准、梯形图标记、程序，将光标停留在快捷按钮上，即可获得该按钮的提示信息。

4）编辑窗口

PLC 程序是在编辑窗口进行输入和编辑的，其使用方法和目前常用的编辑软件相似。

5）管理窗口

管理窗口实现项目的管理、修改等功能。

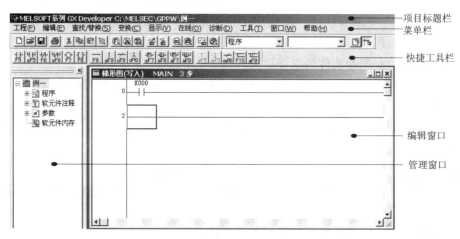

附图 1-1　GX Developer 界面

4. 工程的创建和调试范例

1）系统的启动与退出

要想启动 GX Developer，可用鼠标双击桌面上的图标。

附图 1-2 所示为打开的 GX Developer 窗口。

单击［工程］菜单下的［关闭］命令，即可退出 GX Developer 系统。

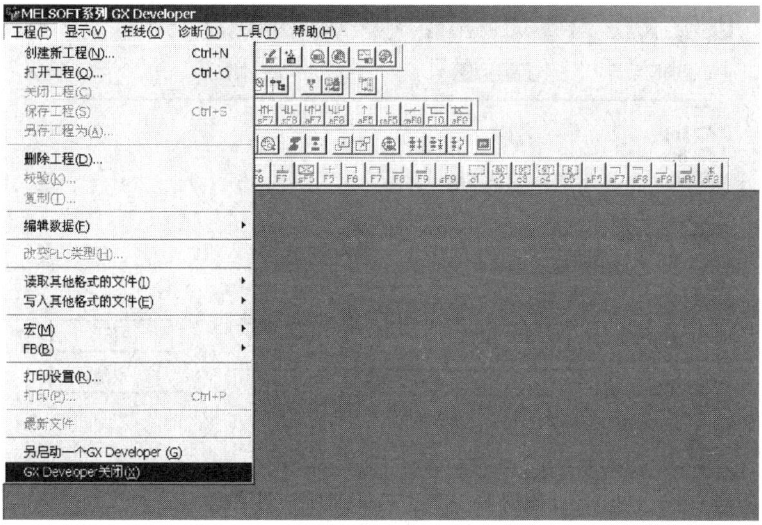

附图1-2 启动画面

2）文件的管理

（1）创建新工程。

选择［工程］-［创建新工程］菜单项，或者按［Ctrl］+［N］组合键操作，在出现的"创建新工程"对话框中选择PLC类型，如选择FX2系列PLC后，单击［确定］按钮，如附图1-3所示。

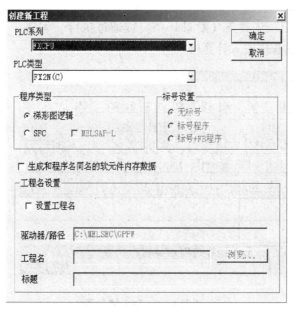

附图1-3 "创建新工程"对话框

（2）打开工程。

打开一个已有工程，选择［工程］→［打开工程］菜单或按［Ctrl］+［O］组合键，在出现的"打开工程"对话框中选择已有工程，单击［打开］按钮，如附图1-4所示。

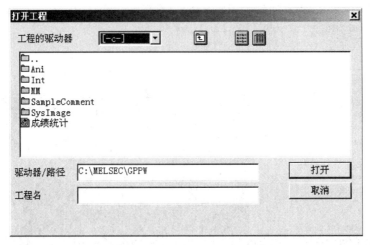

附图1-4 "打开工程"对话框

(3) 文件的保存和关闭。

保存当前 PLC 程序、注释数据以及其他在同一文件名下的数据。

操作方法：执行［工程］→［保存工程］菜单操作或按［Ctrl］+［S］组合键操作即可。

将已处于打开状态的 PLC 程序关闭，单击［工程］→［关闭工程］菜单操作即可。

3）编程操作

(1) 输入梯形图。

使用"梯形图标记"工具条（附图1-5）或通过执行［编辑］—［梯形图标记］（附图1-6），将已编好的程序输入计算机。

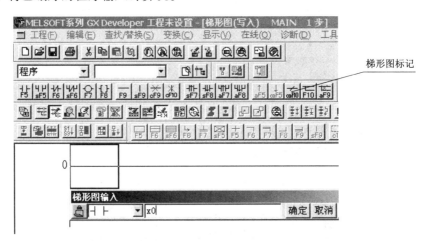

附图1-5 输入梯形图

(2) 编辑操作。

通过执行［编辑］菜单栏中的指令，对输入的程序修改和检查，如附图1-6所示。

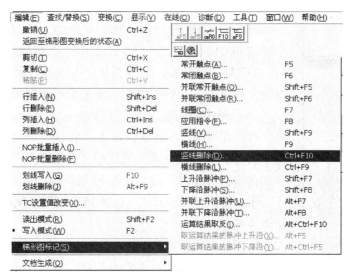

附图 1-6 编辑操作

(3) 梯形图的变换及保存操作。

编辑完成的程序通过执行［变换］菜单→［变换］操作（或按 F4 键变换）后，才能保存，如附图 1-7 所示。在变换过程中显示梯形图变换信息，如果在未完成变换的情况下关闭梯形图窗口，新创建的梯形图将不被保存。

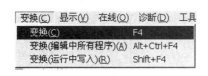 

附图 1-7 变换操作

4）程序调试及运行

(1) 程序的检查。

单击［诊断］→［PLC 诊断］命令，进行程序检查，如附图 1-8 所示。

 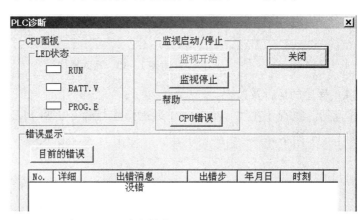

附图 1-8 诊断操作

(2) 程序的写入。

PLC 在 STOP 模式下，执行［在线］→［PLC 写入］命令，将计算机中的程序发送到 PLC 中，如附图 1-9 所示。出现"PLC 写入"对话框，如附图 1-10 所示，单击［参数+程序］按钮，再单击［执行］按钮，完成将程序写入 PLC。

(3) 程序的读取。

PLC 在 STOP 模式下，单击［在线］→［PLC 读取］命令，将 PLC 中的程序发送到计算机中，见附图 1-9。

在传送程序时，应注意以下问题：

①计算机的 RS232C 端口及 PLC 之间必须用指定的缆线及转换器连接。

②PLC 必须在 STOP 模式下，才能执行程序传送。

③执行完［PLC 写入］后，PLC 中原有的程序将被写入的程序所替代。

④在［PLC 读取］时，程序必须在 RAM 或 EE-PROM 内存保护关断的情况下读取。

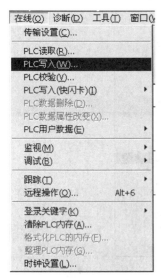

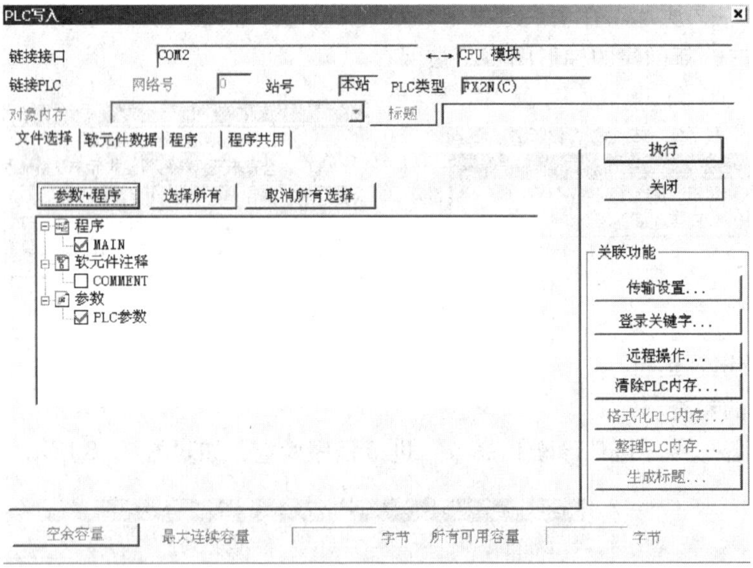

图 1-9 在线操作

附图 1-10 写入操作

(4) 程序的运行及监控。

①运行。执行［在线］菜单→［远程操作］命令，将 PLC 设为 RUN 模式，程序运行，如附图 1-11 所示。

附 录

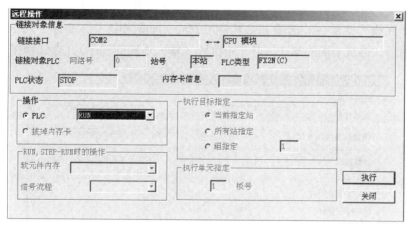

附图 1-11 运行操作

② 监控。执行程序运行后，再执行 [在线] 菜单→ [监视] 命令，可对 PLC 的运行过程进行监控。结合控制程序，操作有关输入信号，观察输出状态，如附图 1-12 所示。

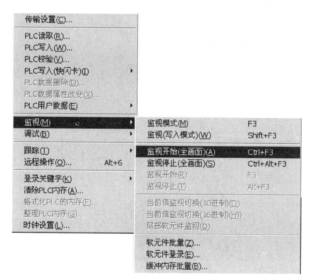

附图 1-12 监视操作

【说明】

在 "PLC 写入" 对话框中也可以进行远程操作。

(5) 程序的调试。

程序运行过程中出现的错误有以下两种：

① 一般错误。运行的结果与设计的要求不一致，需要修改程序。

先执行 [在线] 菜单→ [远程操作] 命令，将 PLC 设为 STOP 模式，再执行 [编辑] 菜单→ [写模式] 命令，再从上面第 3) 点开始执行（输入正确的程序），直到程序正确。

②致命错误。PLC 停止运行，PLC 上的 ERROR 指示灯亮，需要修改程序。

先执行 [在线] 菜单→ [清除 PLC 内存] 命令，如附图 1-13 所示；将 PLC 内的错误程序全部清除后，再从上面的第 3) 点开始执行（输入正确的程序），直到程序正确。

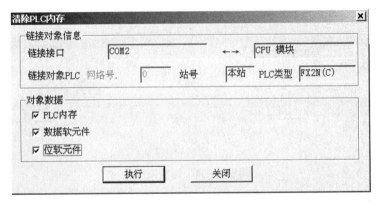

附图 1-13 清除 PLC 内存操作

附录2 FX 系列 PLC 指令集

序号	助记符	功能
1	LD	常开触点逻辑运算开始
2	LDI	常闭触点逻辑运算开始
3	OUT	线圈驱动
4	AND	常开触点串联连接
5	ANI	常闭触点串联连接
6	OR	常开触点并联连接
7	ORI	常闭触点并联连接
8	ORB	串联回路块的并联连接
9	ANB	并联回路块的串联连接
10	MC	公共串联接点的连接
11	MCR	MC 的复位
12	SET	动作保持
13	RST	清除动作保持，当前值及寄存器清零
14	PLS	上升沿微分输出
15	PLF	下降沿微分输出
16	NOP	无动作
17	END	程序结束
18	CJ	条件跳转
19	CALL	调用子程序
20	SREI	子程序返回
21	CMP	比较
22	ZCP	区域比较
23	MOV	传送
24	CML	反向
25	BMOV	成批传送
26	FMOV	多点传送
27	XCH	交换
28	BCD	BCD 交换
29	BIN	BIN 交换

续表

序号	助记符	功能
30	ADD	BIN 加法运算
31	SUB	BIN 减法运算
32	MUL	BIN 乘法运算
33	DIV	BIN 除法运算
34	INC	BIN 增加
35	AND	逻辑与
36	OR	逻辑或
37	XOR	逻辑异或
38	NEG	求补
39	ROR	循环右移
40	ROL	循环左移
41	RCR	带进位循环右移
42	RCL	带进位循环左移
43	SFTR	位右移
44	SFTL	位左移
45	WSFR	字右移
46	WSFL	字左移
47	SFWR	移位写入
48	SFRD	移位读出
49	ZRST	全部复位
50	DECO	译码
51	ENCO	编码
52	PLSY	脉冲输出
53	PWM	脉宽调制
54	EBCD	二进制浮点→十进制浮点
55	EBIN	十进制浮点→二进制浮点
56	EADD	二进制浮点数加法
57	ESUB	二进制浮点数减法
58	EMUL	二进制浮点数乘法
59	EDIV	二进制浮点数除法
60	ESOR	二进制浮点数除法
61	INT	二进制浮点数→BIN 整数

续表

序号	助记符	功能
62	SIN	浮点数 SIN 运算
63	COS	浮点数 COS 运算
64	TAN	浮点数 TAN 运算
65	SWAP	高位低位字节

附录3 FX₂ₙ系列PLC功能指令一览表

分类	编号	指令记号	功能	D命令	P命令	分类	编号	指令记号	功能	D命令	P命令
程序流程	00	CJ	条件跳转	—	○	循环与转移	27	WOR	逻辑字或	○	○
	01	CALL	调用子程序	—	○		28	WXOR	逻辑字异或	○	○
	02	SRET	子程序返回	—	—		29	NEG	求补码	○	○
	03	IRET	中断返回	—	—		30	ROR	循环右移	○	○
	04	EI	开中断	—	—		31	ROL	循环左移	○	○
	05	DI	关中断	—	—		32	RCR	带进位右移	○	○
	06	FEND	主程序结束	—	—		33	RCL	带进位左移	○	○
	07	WDT	监视定时器	—	○		34	SFTR	位右移	—	○
	08	FOR	重复范围开始	—	—		35	SFTL	位左移	—	○
	09	NEXT	重复范围结束	—	—		36	WSFR	字右移	—	○
传送·比较	10	CMP	比较	○	○		37	WSFL	字左移	—	○
	11	ZCP	区间比较	○	○		38	SFWR	移位写入	—	○
	12	MOV	传送	○	○		39	SFRD	移位读出	—	○
	13	SMOV	移位传送	—	○	复位	40	ZRST	区间复位	—	○
	14	CML	取反	○	○	数据处理	41	DECO	解码	—	○
	15	BMOV	块传送	—	○		42	ENCO	编码	—	○
	16	FMOV	多点传送	○	○		43	SUM	求置ON位的总和	○	○
	17	XCH	交换	○	○		44	BON	ON位判断	○	○
	18	BCD	BCD码转换	○	○		45	MEAN	平均值	○	○
	19	BIN	二进制转换	○	○		46	ANS	标志置位	—	—
四则运算与逻辑运算	20	ADD	二进制加法	○	○		47	ANR	标志复位	—	○
	21	SUB	二进制减法	○	○		48	SQR	二进制平方根	○	○
	22	MUL	二进制乘法	○	○		49	FLT	二进制整数→二进制浮点	○	○
	23	DIV	二进制除法	○	○	高速处理	50	REF	输入/输出刷新	—	○
	24	INC	二进制加一	○	○		51	REFE	滤波调整	—	○
	25	DEC	二进制减一	○	○		52	MTR	矩阵输入	—	—
	26	WAND	逻辑字与	○	○						

续表

分类	编号	指令记号	功能	D命令	P命令	分类	编号	指令记号	功能	D命令	P命令
高速处理	53	HSCS	比较置位（高速计数器）	○	—	外部机器SER	79	TO	将数据写入特殊功能模块的缓存存储区	○	○
	54	HSCR	比较复位（高速计数器）	○	—		80	RS	串行数据传送	—	—
	55	HSZ	区间比较（高速计数器）	○	—		81	PRUN	八进制位传送	○	○
	56	SPD	脉冲速度	—	—		82	ASCII	十六进制数转换成ASCII码	—	○
	57	PLSY	脉冲输出	○	—		83	HEX	ASCII码转换成十六进制数	—	○
	58	PWM	脉宽调制	—	—		84	CCD	检验码	—	○
	59	PLSR	可调速脉冲输出	○	—		85	VRRD	模拟量输入	—	○
方便指令	60	IST	初始状态	—	—		86	VRSC	模拟量开关设定	—	○
	61	SER	查找数据	○	○		87	—	—		
	62	ABSD	绝对值式凸轮控制	○	—		88	PID	PID运算	—	—
	63	INCD	增量式凸轮控制	—	—		89	—	—		
	64	TTMR	示数定时器	—	—	浮点	110	ECMP	二进制浮点比较	○	○
	65	STMR	特殊定时器	—	—		111	EZCP	二进制浮点区间比较	○	○
	66	ALT	交替输出	—	○		118	EBCD	二进制浮点→十进制浮点	○	○
	67	RAMP	斜坡输出	—	—		119	EBIN	十进制浮点→二进制浮点	○	○
	68	ROTC	旋转工作台控制	—	—		120	EADD	二进制浮点加法	○	○
	69	SORT	列表数据排序	—	—		121	ESUB	二进制浮点减法	○	○
外部机器I/O	70	TKY	十键输入	○	—		122	EMUL	二进制浮点乘法	○	○
	71	HKY	十六键输入	○	—		123	EDIV	二进制浮点除法	○	○
	72	DSW	数字开关	—	—		127	ESQR	二进制浮点开方	○	○
	73	SEGD	七段码译码	—	○		129	INT	二进制浮点→二进制整数	○	○
	74	SEGL	带锁存七段码显示	—	—		130	SIN	浮点SIN运算	○	○
	75	ARWS	方向开关	—	—		131	COS	浮点COS运算	○	○
	76	ASC	ASC码转换	—	—		132	TAN	浮点TAN运算	○	○
	77	PR	ASC码打印输出	—	—						
	78	FROM	从特殊功能模块的数据缓冲区中读出数据	○	○						

续表

分类	编号	指令记号	功能	D命令	P命令	分类	编号	指令记号	功能	D命令	P命令
时钟运算	147	SWAP	高低位转换	—	○	触点比较	229	LD≤	(S1) ≤ (S2)	○	—
	160	TCMP	时钟数据比较	—	○		230	LD≥	(S1) ≥ (S2)	○	—
	161	TZCP	时钟数据区间比较	—	○		232	AND =	(S1) = (S2)	○	—
							233	AND >	(S1) > (S2)	○	—
	162	TADD	时钟数据加法	—	○		234	AND <	(S1) < (S2)	○	—
	163	TSUB	时钟数据减法	—	○		236	AND < >	(S1) ≠ (S2)	○	—
	166	TRD	时钟数据读出	—	○		237	AND≤	(S1) ≤ (S2)	○	—
	167	TWR	时钟数据写入	—	○		238	AND≥	(S1) ≥ (S2)	○	—
葛莱码	170	GRY	葛莱码转换	○	○		240	OR =	(S1) = (S2)	○	—
	171	GBIN	葛莱码逆转换	○	○		241	OR >	(S1) > (S2)	○	—
触点比较	224	LD =	(S1) = (S2)	○	—		242	OR <	(S1) < (S2)	○	—
	225	LD >	(S1) > (S2)	○	—		244	OR < >	(S1) ≠ (S2)	○	—
	226	LD <	(S1) < (S2)	○	—		245	OR≤	(S1) ≤ (S2)	○	—
	228	LD < >	(S1) ≠ (S2)	○	—		246	OR≥	(S1) ≥ (S2)	○	—

附录4　FX_{2N}系列PLC常用特殊功能元件表

种类	M		D	
	地址号·名称	动作·功能	地址号·名称	动作·功能
PC状态	M8000 运行监视 a接点	RUN输入／M8000／M8002 时序图	D8000 监视定时器	FX_{2N}的初始值为200（1 ms单位）（电源ON时，由系统ROM传送）根据程序改写时在END、WDT指令执行后有效
	M8002 原始脉冲 a接点			
	M8004 错误发生	M8060~M8067中的任何一个为ON时运作（M8062除外）	D8002 存储容量	0002——2k步 0004——4k步 0008——8k步
	M8005 电池电压低	电池电压异常降低时工作	D8006 电池电压降低检测水平	3.0 V（0.1 V单位）（电源ON时由系统ROM传送）
	M8007 瞬停检测	AC电源／M8007 时序图，5 ms T		
	M8008 停电检测	AC电源／M8008 时序图，10 ms	D8007 瞬停次数	M8007的动作次数被存入。电源断时被清除
时钟	M8011 10 ms时钟	10 ms周期振荡	D8010 当前扫描时间	0步的累计指令执行时间（0.1 ms单位）
	M8012 100 ms时钟	100 ms周期振荡	D8011 最小扫描时间	扫描时间的最小值（0.1 ms单位）
	M8013 1 s时钟	1 s周期振荡	D8012 最大扫描时间	扫描时间的最大值（0.1 ms单位）
	M8014 1 min时钟	1 min周期振荡	D8013 秒	0~59 s（内装实时时钟用）
			D8014 分	0~59 min（内装实时时钟用）
			D8015 时	0~23 h（内装实时时钟用）
			D8016 日	1~31日（内装实时时钟用）

续表

种类	M		D	
	地址号·名称	动作·功能	地址号·名称	动作·功能
时钟			D8017 月	1~12月（内装实时时钟用）
			D8018 年	公历4位（1980~2079）（内装实时时钟用）
			D8019 周	0（周日）~6（周六）（内装实时时钟用）
标志	M8020 零	加减运算结果为0时置位	D8020 输入滤波调整	X000~X017的输入滤波值0~60（初期值10 ms）
	M8021 借位	减法结果为负的最小值以下时置位		
	M8022 进位	加算结果发生进位时，或结果溢出时置位		
	M8024 方向指定	BMOV方向指定（FNC 15）		
PC模式	M8033 停止时存储保持	RUN→STOP时，映像存储与数据存储的内容原封不动保持	D8039 恒量扫描时间	初始值0（1 ms单位）（电源ON时由系统ROM传送）通过程序可以改写
	M8034 ※1 输出禁止	PC的外部输出接点皆为OFF		
	M8039 恒定扫描模式	M8039置于ON时，PC以D8039指定的扫描时间进行循环运算		
步进阶梯	M8040 转移禁止	M8040驱动时状态间的转移被禁止		
	M8041 ※2 转移开始	自动运转时，可以从起始状态转移		
	M8042 ※2 启动脉冲	启动输入时的脉冲输出		
	M8043 ※2 复原完了	在原点恢复模式的结束状态动作		
	M8044 ※2 原点条件	在机械原点检测时动作		
	M8045 ※1 输出复位禁止	在模式转换时输出复位禁止		
	M8046 ※1 STL状态动作	M8047动作时，S0~S999中的任何一个位于ON时动作		
	M8047 ※1 STL监视有效	驱动特M时D8040~D8047有效		

续表

种类	M		D	
	地址号·名称	动作·功能	地址号·名称	动作·功能
中断禁止（脉冲间隔）	M8050～M8055（输入中断）I00□～I50□禁止	即使 EI 指令执行后，若 M8050～M8058 中有为 ON 状态时，则对应的中断被禁止。例如 M8050 为 ON 时，禁止中断 I000		
	M8056～M8058（输入中断）I6□□～I8□□禁止			
	M8059 计数器中断禁止	I010～I060 的中断禁止		
特殊功能用			D8120 通信形式 ※3	
			D8121 站号设定 ※3	
脉冲捕捉	M8170～M8175 输入脉冲捕捉	输入 X000～X005 脉冲捕捉 ※3		
可逆计数器	M8200～M8234 对应计数器号码 C200～C234	M8□□□动作时与此对应的 C□□□为下降模式 M8□□□非动作时计数器可逆动作		
高速计数器的计数方向与监视器	单相单输入 M8235～M8245 对应计数器号码 C235～C245	M8□□□动作时与此对应的 C□□□为下降计数器模式 M8□□□非动作时计数器以上升计数器动作		
	双相单输入 M8246～M8250 对应计数器号码 C246～C250	单相双输入计数器，双相双输入计数器的 C□□□为下降时与此对应的模式 M□□□□为 ON 上升模式时为 OFF		
	双相双输入 M8251～M8255 对应计数器号码 C251～C255			

注：
※1 执行 END 指令时处理。
※2 RUN→STOP 时清除。
※3 STOP→RUN 时清除。

附录5 FX$_{2N}$系列PLC错误代码一览表

区分	错码	错误内容	处置方法
I/O构成错误 M8060 （D8060） 运行继续	例 I020	未安装I/O的起始单元号码 "I020" 时 I=输入X（O=输出Y） 020=单元号码	未安装的输入继电器、输出继电器的号码已被编入程序。虽然可编程序控制器继续运转，但若是程序错误请修正
硬件出错 M8061 （D8061） 运行停止	0000	无异常	请检查扩展电缆的连接是否正确
	6101	RAM错误	
	6102	运算回路出错	
	6103	I/O母线出错（M8069驱动时）	运算时间超过D8000的值，请检查程序
	6104	扩展单元24 V下降（M8069 ON时）	
	6105	监视计时器出错	
PC/PP通信出错 M8062 （D8062） 运行继续	0000	无异常	请检查编程器（PP）或接在程序插座上的设备与可编程序控制器（PC）的连接是否可靠
	6201	奇偶校验出错、溢出出错、成帧出错	
	6202	通信字符出错	
	6203	通信数据的和数不一致	
	6204	数据格式错误	
	6205	指令错误	
并联线路通信出错 M8063 （D8063） 运行继续	0000	无异常	请检查双方的可编程序控制器的电源是否接通，以及适配器与可编程序控制器间的连接、线路适配器的连接是否正确
	6301	奇偶校验出错、溢出出错、成帧出错	
	6302	通信字符出错	
	6303	通信数据的和数不一致	
	6304	数据格式错误	
	6305	指令错误	
	6306~6311	无	
并联线路通信出错 M8063 （D8063） 运行继续	6312	并联线路字符错误	请检查双方的可编程序控制器的电源是否接通，以及适配器与可编程序控制器间的连接、线路适配器的连接是否正确
	6313	并联线路和数错误	
	6314	并联线路格式错误	

续表

区分	错码	错误内容	处置方法
参数出错 M8064（D8064）运行停止	0000	无异常	请将可编程序控制器置于 STOP 设定正确值
	6401	程序和数不一致	
	6402	存储容量设定错误	
	6403	保持区域设定错误	
	6404	注释区段设定错误	
	6405	滤波寄存器的区段设定错误	
	6409	其他设定错误	
语法错误 M8065（D8065）运行停止	0000	无异常	程序编写完后，检查每次指令的使用方法是否正确，出现错误时请用程序模式修改指令
	6501	指令～软元件符号～地址号的组合错误	
	6502	设定值前没有 OUT T、OUT C	
	6503	①OUT T、OUT C 之后没有设定值 ②应用指令操作数不足	
	6504	①标号重复 ②中断输入及高速计数器输入重复	
	6505	超出软元件地址范围	
	6506	使用未定义指令	
	6507	标号（P）定义错误	
	6508	中断输入（I）定义错误	
	6509	其他	
	6510	MC 的插入号码大小方面错误	
	6511	中断输入与高速计数器输入重复	
电路出错 M8066（D8066）运行停止	0000	无异常	作为电路块的整体在指令组合错误时，以及成对的指令关系错误时产生这种不良现象。在程序模式中，请将指令的相互关系修改正确
	6601	LD、LDI 的连续使用次数在 9 次以上	
	6602	①无 LD、LDI 指令，无线圈，LD、LDI 和 ANB、ORB 的关系不对 ②STL、RET、MCR、P（指针）、I（中断）、EI、DI、SRET、IRET、FOR、NEXT、FEND、END 没有和母线接上 ③忘记 MPP	
	6603	MPS 的连续使用次数在 12 次以上	
	6604	MPS 和 MRD、MPP 的关系不对	
	6605	①STL 的连续使用次数超过 9 次 ②STL 内有 MC、MCR、I（中断）、SRET ③STL 外有 RET 或无 RET 指令	
	6606	①无 P（指示器）、I（中断）②无 SRET、IRET ③在主程序中有 I（中断）、SRET、IRET ④子程序与中断程序中有 STL、RET、MC、MCR	

续表

区分	错码	错误内容	处置方法
电路出错 M8066 (D8066) 运行停止	6607	①FOR 和 NEXT 关系不对。嵌套在 6 层以上 ② FOR ~ NEXT 间有 STL、RET、MC、MCR、IRET、SRET、FEND、END 指令	作为电路块的整体在指令组合错误时，以及成对的指令关系错误时产生这种不良现象。在程序模式中，请将指令的相互关系修改正确
	6608	①MC 与 MCR 的关系不对 ②MCR 没有 N0 ③MC ~ MCR 间有 SRET、IRET、I（中断）	
	6609	其他	
	6610	LD、LDI 的连续使用次数在 9 次以上	
	6611	对于 LD、LDI 指令 ANB、ORB 指令数多	
	6612	对于 LD、LDI 指令 ANB、ORB 指令数少	
	6613	MPS 连续使用次数在 9 次以上	
	6614	忘记 MPS	
	6615	忘记 MPP	
	6616	MPS 和 MRD、MPP 间的线圈遗忘或关系不对	
	6617	应从母线开始的指令（STL、RET、MCR、P、I、DI、EI、FOR、NEXT、SRET、IRET、FEND、END）未连接母线	
	6618	只能用主程序使用的指令却在主程序以外（中断、子程序）	
	6619	在 FOR ~ NEXT 间有不能使用的指令：STL、RET、MC、MCR、I、IRET	
	6620	FOR ~ NEXT 嵌套超出	
	6621	FOR ~ NEXT 数的关系不对	
	6622	无 NEXT 指令	
	6623	无 MC 指令	
	6624	无 MCR 指令	
	6625	STL 的连续使用次数为 9 次以上	
	6626	在 STL ~ RET 间有不能使用的指令：MC、MCR、I、SRET、IRET	
	6627	无 RET 指令	
	6628	在主程序内主程序有不能使用的指令：I、SRET、IRET	
	6629	无 P、I	
	6630	无 SRET、IRET 指令	
	6631	有 SRET 不能使用的位置	
	6632	有 FEND 不能使用的位置	

续表

区分	错码	错误内容	处置方法	
运算出错 M8067（D8067）运行继续	0000	无异常	此为运算执行中发生的错误，请重新检查程序或应用指令操作数的内容。即使不发生语法、电路错误，但因以下理由也会发生运算错误。例如：T200Z 本身虽然不是错误，但作为运算结果 Z = 100，就变为 T300，元件编号则溢出	
	6701	①CJ、CALL 没有跳转地址 ②END 指令后面有标号 ③FOR ~ NEXT 间与子程序间有单独的标号		
	6702	CALL 的嵌套级在 6 次以上		
	6703	中断的嵌套级在 3 次以上		
	6704	FOR ~ NEXT 的嵌套在 6 以上		
运算出错 M8067（D8067）运行继续	6705	应用指令的操作数在对应软元件以外		
	6706	应用指令的操作数的地址号码范围与数据值超出		
	6708	FROM ~ TO 指令错误		
	6709	其他（IRET、SRET 遗忘，FOR ~ NEXT 关系不正确等）		
	6730	采样时间（T_S）在对象范围外（$T_S<0$）	PID 停止运算	控制参数的设定值与 PID 运算中出现错误。请检查参数
	6732	输入滤波常数（α）在对象范围外（$\alpha<0$ 或 $100\leq\alpha$）		
	6733	比例增益（K_P）在对象范围外（$K_P<0$）		
	6734	积分时间（T_I）在对象范围外（$T_I<0$）		
	6735	微分增益（K_D）在对象范围外（$K_D<0$ 或 $201\leq\alpha$）		
	6736	微分时间（T_D）在对象范围外（$T_D<0$）		
	6740	采样时间（T_S）≤运算周期	将运算数据作为 MAX 值继续运算	
	6742	测定值变化量超出（$\Delta PV<-32\ 768$ 或 $32\ 767<\Delta PV$）		
	6743	偏差超出（$EV<-32\ 768$ 或 $32\ 767<EV$）		
	6744	积分计算值超出（$-32\ 768 \sim 32\ 767$ 以外）		
	6745	微分增益（K_P）超出导致微分值超出		
	6746	微分计算值超出（$-32\ 768 \sim 32\ 767$ 以外）		
	6747	PID 运算结果超出（$-32\ 768 \sim 32\ 767$ 以外）		

附录6　PLC 的安装与接线

1. 安装方法

PLC 的各类单元底部均装有一对 DIN 导轨安装杆，使用底板上的 DIN 导轨安装杆，可以将 PLC 的控制单元、扩展单元、A/D 转换单元、D/A 转换单元和 I/O 链接单元安装在宽 35 mm 的 DIN 导轨上。在安装时，只需将安装杆与导轨的槽对齐并向下推入即可；在拆下时，只需用一字型旋具向下轻撬安装杆即可。另外，也可直接用机壳四角的安装孔，用螺钉直接安装。

2. 安装环境

虽然 PLC 适用于大多数工业现场，但它对使用场合与环境也有一定的要求。因此，在安装 PLC 时，应注意以下事项：

（1）环境温度在 0～55 ℃，相对湿度小于 85%，机体周围应具有较好的通风和散热条件。

（2）周围没有易燃或易腐蚀气体，也不应有过多的粉尘和金属屑。

（3）避免水的溅射；避免阳光直射。

（4）避免强烈的振动或冲击，如不能避免，则应采取减振措施。

（5）应远离强干扰源，尽量减小外界干扰。

3. 输入端接线

输入开关可以是各种有触头的机械开关，也可以是无触头的电子开关。许多型号的 PLC 主机上配有供输入端使用的 24 V DC 电源（如松下 FP1 系列），注意切勿将外接电源接到直流电源的端子上。如果该电源的输出功率不够，还可以在输入端使用外接电源。输入端接线如附图 6-1 所示。在接线中，输入线应尽可能远离输出线、高压线及用电设备。

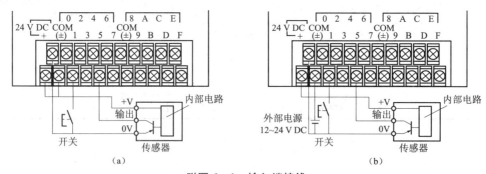

附图 6-1　输入端接线
(a) 使用内部电源；(b) 使用外部电源

4. 输出端接线

PLC 的输出端接线分为独立输出和公共输出。例如，FP1 系列的 C24、E24 及以上机型输出端的各接地（COM）端均是独立的，当负载使用不同的电源时，PLC 可采用独立的输出方式，如附图 6-2 (a) 所示；FP1 系列的 C14、C16 型和 E8、E16 型扩展单元的输出端均没有独立的接地端,各负载必须使用相同的电源,PLC 应将各接地(COM)端短接,如附图 6-2(b)所示。

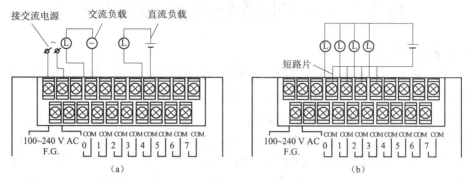

附图 6-2 输出端接线

(a)独立输出;(b)公共输出

5. A/D、D/A 转换单元的接线

1) A/D 转换单元

以 FPI 为例,对于电压输入方式,将输入设备用两线双绞式屏蔽电缆连接到模拟电压输入端子(V)上,屏蔽电缆接到框架接地端(FG),用电压选择端(RANGE)选择输入电压范围;对于电流输入方式,先将电压输入端(V)和电流输入端(I)连接在一起,再连接输入设备。在电流输入方式下,应将电压范围选择端(RANGE)开路。A/D 转换单元的连接线应远离高压线,对控制单元和 A/D 转换单元的供电应采用同一组电源线。

2) D/A 转换单元

以 FPI 为例,对于电压输出方式,将负载设备用两线双绞式屏蔽电缆连接到模拟电压输出端子(V+,V-)上,用电压范围选择端(RANGE)选择输出电压范围。对于电流输出方式,将负载设备连接到模拟电流输出端子(I+,I-)上,模拟电流的输出范围只能在 0~20 mA。

以上介绍的是 PLC 接线端子的具体接线方法。对于 PLC 的主机与 I/O 扩展单元和其他功能单元的具体连接方式,要仔细查阅相关产品手册。以 FPI 为例,FPI 系列各种单元连接时,应采用控制单元在左边,其他单元在右边的插口,使用专门的折叠式扩展电缆连接,如附图 6-3(a)所示。附图 6-3(b)所示为 OMRON SYSMAC CPMIA 主机与 I/O 扩展单元连接示意图。

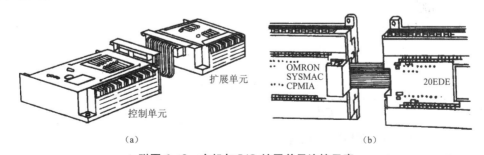

附图 6-3 主机与 I/O 扩展单元连接示意

附录7　PLC 的日常维护与常见故障分析

1. PLC 的日常维护

虽然 PLC 在设计与制造时已经将其故障发生率降到很低，但为了保证 PLC 控制系统能够长期稳定可靠地工作，日常维护和定期对 PLC 进行检查维护很有必要。

日常维护包括：经常用干抹布和"皮老虎"为 PLC 的表面及导线间除尘除污，以保持 PLC 工作环境的整洁和卫生；经常巡视、检查 PLC 的工作环境、工作状况、自诊断指示信号、编程器的监控信息及控制系统的运行情况，并做好记录。一旦发现问题，就要及时处理。

在日常检查、记录的基础上，每隔半年（可根据实际情况适当提前或推迟）应该对 PLC 做一次全面停机检查，检查项目有供电电源、环境条件、I/O 端电压等，如附表 7-1 所示。

附表 7-1　PLC 的定期维护内容

项目	检查要点	注意事项
供电电源	通过测量 PLC 端子处的电压来检查电源情况	交流型 PLC 工作电压为 85~265 V 直流型 PLC 工作电压为 20.4~26.4 V
环境条件	环境温度 环境湿度 有无污物、粉尘	环境温度为 0~55 ℃ 环境湿度为 35%~85%，且不结露 无积灰尘/无异物
I/O 端电压	测量输入、输出端子上的电压	均应在工作要求的电压范围内
安装条件	各单元是否安装牢固 所有螺钉是否拧紧 接线和接线端子是否完好	所有单元的安装螺钉必须紧固 连接线及接线端子必须牢固，无短路、氧化等现象
寿命元件更换	备份电池是否定期更换等	备用电池每 3~5 年更换一次 继电器输出型的触头寿命约为 300 万次

2. PLC 的故障检测与分析

1）自检功能

无论是自身设备故障还是外部设备故障，PLC 均能通过自检系统报告异常，如附表 7-2 所示。

附表 7-2　PLC 的自检功能

类型	应用	现象
自诊断错误	CPU 或 ROM 硬件出问题 备份电池未接或电压不足，指令执行中出现错误操作	ERR 灯亮且 PLC 停

续表

类型	应用	现象
总体检查错误	程序出现异常,如语法错误、指令错误等	ERR 灯亮,工作方式 RUN→PROG
系统 WATCHDOG 定时器错误	程序扫描时间过长 检测到硬件异常	ALARM 灯亮

2) 故障分析与处理

当 PLC 的工作状态发生异常情况时,应先找出故障的部位,再分清故障现象、分析原因,然后排除故障。PLC 的常见故障分析与处理方法如附表 7-3 所示。

附表 7-3　PLC 的常见故障分析与处理方法

序号	故障现象	处理方法
1	ERR 灯亮	先将 PLC 工作方式由"RUN"置为"PROG",此时有以下两种可能: ①ERR 灯灭,则可确定是"总体检查"错,可用编程工具检查程序,并作出修改,然后重新运行 PLC; ②ERR 灯仍亮,则可能为"自诊断"错,可检查附表 7-2 中所列项
2	ALARM 灯亮	假设为系统 WATCHDOG 定时器错,先将 PLC 工作方式由"RUN"置为"PROG",然后断电源,重启。此时可能出现以下 3 种情况: ①ALARM 灯又亮了,可能是 FPl 出了问题,应与厂家联系; ②ALARM 灯灭了,但 ERR 灯亮了,此时可按 ERR 故障处理; ③系统正常,则可将工作方式由"PROG"置为"RUN"。如果 ALARM 灯又亮了,则说明程序执行时间过长
3	所有指示灯都不亮	先检查电源接线情况,再检查 PLC 的电源波动是否在额定范围内。若以上检查结果均正常,则考虑用于输入的内装直流电源的输出导线连接情况。 若 PLC 与其他设备共用电源,则检查电源线是否接到其他设备上了;如果 PLC 上的指示灯瞬间闪亮,则说明电源的供电容量不足
4	PLC 诊断为输出失常故障	如果输出状态指示灯长时间亮,应先检查输出设备的接线是否正确牢固,再检查加到输出设备上的电源是否合适。若检查均为正常,则应对负载进行检查。若电源并未加到主负载上,则单元本身有问题,应与厂家联系。 如果输出状态指示灯长时间灭,则应该用编程工具检查输出情况,检查是否有重复输出的错误。如果无此类错误,则再用编程工具强制输出"ON"。此时,若输出状态灯亮,便可回到输入情况检查;若输出状态灯仍不亮,则可能该单元本身输出有问题,应更换单元

3. 备用电池的更换

在 PLC 断电时,主机内的备用电池可以供电,使 RAM 中的用户程序得以保存。备用电池一般是可充电的锂电池,其寿命为 3~5 年。当电池电压降至规定值时,PLC 的指示灯亮,提醒使用者及时更换电池。

仍以 FPI 系列的 PLC 为例,当备份电池电压较低时,特殊内部继电器 R9005 和 R9006 接通,主机面板上的"ERR"灯亮,应在一个月内更换电池。在更换电池前,应先为 PLC

充电 1 min 以上,再在 3 min 内完成更换操作。具体步骤如下:

切断电源→打开存储单元盖板→拔下备份电池插头,并将其向上拉,直到拉开电池盖→拉出导线,取下电池→安装新电池并将它连到 PLC 插座上→盖上电池盖和存储单元盖→接通 PLC 电源。

4. 提高 PLC 控制系统可靠性的措施

1) 对运行环境的改善

一般情况下,可编程序控制器及其外部电路(如 I/O 模块、辅助电源等)都能在下列环境条件下可靠地工作。

温度:工作温度为 0~55 ℃;保存温度为 -20~80 ℃。

湿度:相对湿度为 5%~95%(无凝结霜)。

振动和冲击:符合国际电工委员会标准。

电源:200 (1±15%) V,频率 47~52 Hz,瞬间停电保持 10 ms。

环境:周围环境不能混有可燃性、爆炸性和腐蚀性气体。

由于 PLC 直接用于工业控制,生产厂商都尽可能地把它设计得能在恶劣条件下可靠地工作。尽管如此,每种控制器都有自己的环境技术条件。用户在选用 PLC 时(特别是设计控制系统时),必须对环境条件给予充分的考虑。

2) 对温度条件的改善。

如果控制系统的温度超过极限温度(55 ℃),就必须采取下面的有效措施,迫使环境温度低于极限值。

(1) 盘、柜内设置风扇或冷风机,通过滤波器把自然风引入盘、柜内。风扇的寿命一般不长,必须和滤波一起定期检修。使用冷风机时,应注意冷风机不能结霜。

(2) 应将控制系统置于有空调的控制室内,不能直接放在阳光下。

(3) 控制器的安装要考虑通风,控制器的上下、左右、前后都要留有约 50 mm 的空间距离。在为 I/O 模块配线时,要使用导线槽,以避免妨碍通风。

(4) 应使电阻器或交流接触器等远离控制器,或者把控制器安装在发热体的下面。

环境温度低于 0 ℃时,可采用如下对策:

(1) 盘、柜内设置加热器,冬季时这种加热特别有效,可使盘、柜内温度保持在 0~10 ℃。设置加热器时,要选择适当的温度传感器,以保证 PLC 能在高温时能自动切断加热器电源,在低温时能自动接通电源。

(2) 在控制系统停止运行时,不要切断控制器和 I/O 模块的电源,而靠其本身的发热量维持其温度,特别是夜间低温时,这种措施是有效的。

(3) 在温度有急剧变化的场合,不要打开盘、柜的门,以防冷空气进入。

3) 对湿度条件的改善。

在湿度大的环境中,水分容易通过模块上 I/O 的金属表面的缺陷浸入内部,引起内部元件性能的恶化,印制电路板可能由于高压或高浪涌电压而引起短路。在极干燥的环境下,绝缘物体上可能带静电,特别是 MOS 集成电路,输入阻抗高,可能由于静电感应而损坏。

控制器不运行时,如果湿度有急剧变化,可能引起结霜。控制器结霜后,绝缘电阻会大大降低,由于高压有泄漏,可能导致金属表面生锈。特别是交流 220 V、110 V 的输入/输出模块，如果绝缘性能恶化，可能产生预料不到的事故。

对于上述湿度环境应采用如下对策：

（1）盘、柜设计成封闭型，并放置吸湿器。

（2）把外部干燥的空气引入盘、柜内。

（3）印制电路板上表面覆盖一层保护层（如涂松香水等）。

（4）在温度低以及干燥的场合进行检修时，人体应尽量不接触集成电路块和电子元件，以防感应电压损坏器件。

4）对振动和冲击环境的改善

一般的可编程序控制器能承受的振动和冲击频率为 10～50 Hz，振幅为 0.5 mm，加速度为 20 m/s^2，冲击为 100 m/s^2。超过这个极限时，可能会引起电磁阀或断路器误动作，机械结构松动、电气部件疲劳损坏以及连接器的接触不良等后果。

防振和防冲击的措施如下：

（1）如果振动源来自盘、柜之外，可对相应的盘、柜采用防振橡皮，以达到减振的目的，亦可把盘、柜设置在远离振源的地方。

（2）如果振动来自盘、柜内，则要把产生振动和冲击的设备从盘、柜内移走或者单独设置盘、柜。

（3）强固控制器或 I/O 模块印制板、连接器等可能松动的部件或器件，连接线要固定紧。

5）对周围空气的改善

PLC 控制系统周围的空气中不能混有尘埃、导电性粉末、腐蚀性气体、水分、油分、油雾、有机溶剂等。否则会引起下列不良现象：尘埃可引起接触不良，或阻塞过滤器的网眼，使盘内温度上升；导电性粉末可引起误动作，绝缘性能变差和短路等；油和油雾可能引起接触不良和腐蚀塑料；腐蚀性气体和盐分会引起印制电路板或引线的腐蚀，造成开关或继电器类的可动作部件接触不良。

如果周围的空气不够清洁，可以采取下列相应措施：

（1）盘、柜采用密封型结构。

（2）向盘、柜内部打入高压清洁空气，使外界不清洁空气不能进入盘、柜内部。

（3）印制电路板表面覆盖一层保护层（如涂松香水等）。

上述各种措施并不能保证在任何情况下都绝对有效，需要根据具体情况进行具体分析，采用综合防护措施。

附录8　PLC模块的选择

1. 输入模块的选择

输入模块的作用是接收现场的输入信号，并将输入的高电平信号转换为PLC内部的低电平信号。输入模块的种类，按电路形式可以分为汇点输入式和分隔输入式；按电压可以分为直流5 V、12 V、24 V、48 V、60 V，交流115 V、220 V。

选择输入模块时应注意：

1）电压的选择

应根据现场设备与模块之间的距离来考虑，一般来说，5 V、12 V、24 V 属于低电压，其传输距离不宜太远。例如，5 V 模块最远不得超过 10 m，距离较远的设备应选用较高电压的模块。

2）同时接通的点数

高密度的输入模块（32点、64点）能够同时接通的点数取决于输入电压和环境温度，一般来说，同时接通的点数不要超过输入点数的60%。

3）门槛电平

为了提高控制系统的可靠性，必须考虑门槛电平的大小。门槛电平越高，抗干扰能力越强，传输距离也就越远。

2. 输出模块的选择

输出模块的作用是将PLC的输出信号传递给外部负载，并将PLC内部的低电平信号转换为外部所需电平的输出信号。输出模块按输出方式不同分为继电器输出、晶体管输出和双向可控硅输出。应根据输出方式的不同要求，选择合适的输出模块。此外，还要考虑输出电压和输出电流的不同要求，从而选择合适的输出模块。

选择输出模块时应注意：

1）输出方式的选择

继电器输出适用于电压范围较宽、导通压较小的场合，且继电器价格低廉。但继电器是原有触点元件，其动作速度较慢、寿命较短，因此适用于不频繁通断的负载。当驱动感性负载时，其最大通断频率不得超过 1 Hz。

对于频繁通断的低功率因数的电感负载，应采用无触点开关元件，即选用晶体管输出（直流输出）或双向可控硅输出（交流输出）。

2）输出电流

输出模块的输出电流必须大于负载电流的额定值。模块输出电流的规格有很多种，应根据实际负载电流的大小选择合适的输出模块。

3）同时接通的点数

输出模块同时接通点数的电流累计值必须小于公共端允许通过的电流值。通常，同时接通的点数不宜超过输出点数的60%。

3. 电源模块的选择

电源模块的选择很简单，只需考虑输出电流。电源模块的额定输出电流必须大于CPU

模块、I/O 模块、专用模块等消耗电流的总和，并留有一定的裕量。在选择电源模块时，一般应考虑以下几点：

1) 电源模块的输入电压

电源模块可以包括各种各样的输入电压，有 220 V AC、110 V AC 和 24 V DC 等。在实际应用中，要根据具体情况选择合适的输入电压。一旦确定了输入电压，也就确定了系统供电电源的输出电压。

2) 电源模块的输出功率

在选择电源模块时，其额定输出功率必须大于 CPU 模块、所有 I/O 模块等的总消耗功率之和，并且要留 30% 左右的裕量。当同一电源模块既要为主机单元供电，又要为扩展单元供电时，从主机单元到最远一个扩展单元的线路压降必须小于 0.25 V。

3) 扩展单元中的电源模块

在有些系统中，由于扩展单元中安装有智能模块以及一些特殊模块，就要求在扩展单元中安装相应的电源模块。这时，相应的电源模块的输出功率可以按各自的供电范围计算。

4) 电源模块接线

选定了电源模块以后，还要确定电源模块的接线端子和连接方式，以便正确地进行系统供电的设计。一般来说，电源模块的输入电压通过接线端子与供电电源相连，而输出信号通过总线插座与可编程序控制器 CPU 的总线相连。

5) 系统的接地

电源模块的接地线应选择横截面不小于 10 mm^2 的铜导线。电源模块的接地线与交流稳压器、UPS 不间断电源、隔离变压器等及系统的接地线应尽可能短；系统的接地线也要和机壳相连接。

6) 使用现场的环境条件

在选择 PLC 时，要考虑使用现场的环境条件是否符合该 PLC 的规定。一般要考虑环境温度、相对湿度、电源允许波动范围和抗干扰等指标。

附录9　IEC 61131-3 标准简介

IEC 61131-3 标准是国际电工委员会（IEC）制定的工业控制编程语言的标准。IEC 61131-3 标准在工业控制领域中产生了重要影响，并且成为 PLC、DCS、IPC、CNC 和 SCADA 的编程系统在事实上的标准。应用 IEC 61131-3 标准已经成为工业控制领域的趋势。

IEC 61131-3 将标准分为两个部分：公共元素和编程语言。IEC 61131-3 标准的层次和结构如附图 9-1 所示。

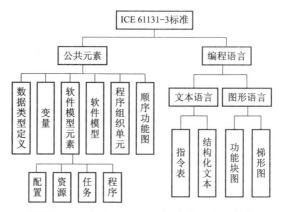

附图 9-1　IEC 61131-3 标准的层次和结构

公共元素部分规范了数据类型、变量的定义，给出了软件模型，并引入了配置、资源、任务和程序的概念、程序组织单元 POU 和顺序功能图 SFC 等。

1. 基本编程概念和公共元素

1）软件模型

IEC 61131-3 标准的软件模型如附图 9-2 所示。

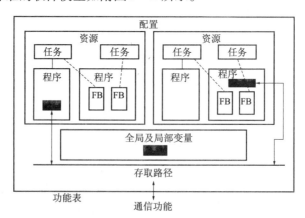

附图 9-2　IEC 61131-3 标准的软件模型

该软件模型呈分层结构，最上层是配置。配置定义了单元的结构，专指一个特定类型的控制系统，等同于一个 PLC 应用系统，包括硬件装置、处理资源、I/O 通道的存储地址和系统能力。

在每一个配置中,有一个或多个资源,资源不仅为运行程序提供了一个支持系统,而且反映了 PLC 的物理结构,并在程序和 PLC 物理 I/O 通道之间提供了一个接口。

任务用于规定程序及其功能块的运行期特性。程序或功能块通常保持完全的待用状态,由一个配置后的任务来周期性地执行,或由一个特定的事件触发开始执行程序。

程序组织单元是标准 PLC 系统用户程序最小的、独立的软件单元,包括 3 种统一的基本类型:功能 FUN(Function)、功能块 FB(Function Block)和程序 PROG(Program)。

功能 FUN 类型是一些在程序执行过程中的软件元件,这些软件元件对一系列特定的输入值会产生相应的输出结果,如算术功能 COS()、SIN()等。IEC 61131-3 标准预定义了一系列经常使用的标准功能集,其中包括 50 种功能和 12 种功能块,并将它们的名称保留为关键字(详细的标准功能和功能块的描述可参阅 IEC 61131-3 标准)。

功能块 FB 类型是该标准中的核心元素,它体现了一种全新的面向对象程序设计的理念。功能块 FB 类型对应于经典面向对象语言中的类的概念,其实例(Instance)对应于对象的概念。功能块 FB 类型具有天然的封装特性,能够把特定的算法封装在某个特定的功能块中,它把具体的操作和操作数据分离,也把系统的总体算法组态和单个算法的研制开发过程分开,以增强程序的可重用性和可移植性。

程序 PROG 类型是任务的直接构成基础,PROG 类型的程序组织单元可构成系统的主程序。典型的 IEC 61131-3 标准程序由主程序和许多互连的功能和功能块组成,一个程序中的不同部分的执行通过任务来控制。另外,当用户需要编写自定义算法块并对其进行重复使用时,可以利用 PROG 类型的程序组织单元。

2)变量和数据类型

IEC 61131-3 标准定义了 5 种不同的变量类型:全局变量、局部变量、输入变量、输出变量、输入/输出变量。其中,局部变量只能在程序内部的一部分进行寻址;全局变量能被所有的程序组织单元寻址;输入、输出和输入/输出变量是与程序、功能和功能块密切相关的,它们能在被分配的程序组织单元内通过读或写来改变,而要在程序组织单元外部改变时必须进行定义,且在使用变量时要加以说明。IEC 61131-3 标准为输入、输出和输入/输出变量提供了两种定义形式,直接表达变量形式和符号变量形式。直接表达变量的定义给出了统一的固定格式,符号变量的存储位置由预先设置的分配表和符号表决定。IEC 61131-3 标准在定义变量的同时,还定义了变量的属性和限定符,通过它们使变量具有丰富的特性。

IEC 61131-3 标准统一定义了编程中常用的数据类型。一类称为基本数据类型,是一种预定义的、标准化的数据类型。另一类称为导出数据类型,是程序员可以创建"自定义"数据类型。导出数据类型一般包括枚举类型、数组类型、结构类型等,为面向对象的编程模式提供支持。

另外,IEC 61131-3 标准还规定了编程中常用的标识符、关键字及注释等一些通用语言单元,以提高用户程序的通用性和移植性。

3)软件的通信模式

IEC 61131-3 标准提供了的通信模式有内部变量通信模式、全局变量通信模式、调用参数通信模式、使用存取路径通信模式、通信块通信模式等。

前三种模式用于一个配置内的通信，通过内部变量和全局变量的建立，可以在一个配置内的程序、功能块和功能之间相互连接形成一个"网络"，数据信息可以通过这个内部网络进行通信。

使用存取路径的通信模式用于各个配置之间的数据交换，也就是要跨越一个 PLC 系统的范围，它可用于配置和程序层。存取路径可以认为是全局变量的扩展，其符号名由固定格式的语言结构定义。通过定义的存取路径的符号名，该配置的变量可以为其他配置所访问。

IEC 61131-3 只给出了一个单一的集中 PLC 系统的配置机制，为了适应分布式结构的软件要求，PLC Open 组织对 IEC 61131-3 进行了适当的扩展，制定了 IEC 61499《工业过程测量与控制系统用功能块》标准。按照 IEC 61499 标准的模型，PLC 可表示为其内有多个资源的装置，采用了互联的事件驱动功能块，所给出的应用程序模型由若干可能分散在多个设备中的功能块互联而成，功能块中的控制算法是用 IEC 61131-3 的语言来编程的，但在系统配置时采取了封装的、可反复使用的和分散的机制。

2. 编程语言

IEC 61131-3 标准共规定了 4 种编程语言，其中有两种图形化语言、两种文本化语言。图形化语言有梯形图 LD 和功能块图 FBD，文本化语言有指令表 IL 和结构化文本 ST。在标准的文本中，没有把顺序功能图单独列入编程语言，而是将它在公用元素中予以规范。不论是在文本化语言中，还是在图形化语言中，都可以运用 SFC 的概念、句法和语法，所以有些控制软件有时也称自己实现了标准的 5 种控制语言。

梯形图 LD 使用网络的概念，一个 LD 网络的边界是在左侧和右侧的电力轨线。左侧的电力轨线，名义上是为"功率流"从左向右沿着水平梯级通过各个触点、功能、功能块、线圈等提供能量，"功率流"的终点是右侧的电力轨线。期间的每一个触点代表了一个布尔变量的状态，每一个线圈代表了一个实际设备的状态，还可以有功能或功能块，根据这些元素的逻辑状态来决定是否允许能量流通过，便构成了所需要的逻辑程序。

功能块图 FBD 用来描述功能、功能块和程序的行为特征，还可以在顺序功能流程图中描述步、动作和转变的行为特征。功能块用矩形块来表示，每一个功能块的左侧有不少于一个的输入端，在右侧有不少于一个的输出端，线条代表信号的流向，所传递的信息可能是一个布尔数值、整型数值、实数或字符串，在程序中，它可看作两个过程元素之间的信息流。

指令表 IL 是一种最接近于机器码的用户端语言，与汇编语言相比较，它吸收和借鉴了 PLC 厂商的指令表语言，并在此基础上形成了一种标准语言。它可以用来描述功能、功能块和程序段行为，也可用来调用和转移等。

结构化文本 ST 是一种专门为工业控制而开发的高级语言，它可以追溯到 Pascal 语言和 C 语言。它具有很强的编程能力，可方便地对变量赋值，调用功能和功能块，创建表达式，编写条件语句和迭代程序等，特别适合于定义复杂的功能块。

3. 应用现状

近年来，我国致力于 IEC 61131-3 编程系统开发的有北京亚控科技发展有限公司、浙大中自集成控制股份有限公司、大连理工大学计算机控制研究所，以及北京凯迪恩自动控制技术公司等。其中，北京亚控科技发展有限公司的 KingAct 已经投入使用；浙大中自集成控制股份有限公司的 SunyIEC 实现了标准 IEC 61131-3 中的 5 种控制语言，是目前国内自行开发并拥有自主知识产权的编程系统,达到了较高的技术水平。

IEC 61131-3 标准是一个不断发展和完善的标准,它的生命力在于不但在制定之初能够做到"兼容并蓄,推陈出新",而且在制定以后能一直不遗余力地推广应用,在应用中发现缺陷并加以改进。符合 IEC 61131-3 标准的软件系统是一个结构完美、可重复使用、可维护的工业控制系统软件。目前,国内在自主知识产权的 IEC 61131-3 编程系统的开发方面已经取得了长足的进展,其中最有说服力的例子就是浙大中自集成控制股份有限公司在建立了编程开发平台以后,每开发一个新的控制系统系列,不必再在编程软件方面耗费大量重复劳动,大大缩短了新产品的开发周期,同时也降低了成本。

附录10　THPFSL-2型网络型可编程序控制器综合实训装置使用说明书

1. 概述

THPFSL-2型网络型可编程序控制器综合实训装置集可编程逻辑控制器、变频器、GX Developer编程软件、仿真实训教学软件、实训模块、实物等于一体。在该装置上，可以直观地进行PLC的基本指令练习、多个PLC实际应用的模拟及实物控制。装置配备的主机采用日本三菱FX系列可编程序控制器，配套SC-09通信编程电缆、三相鼠笼异步电动机，并提供实训所需的各种电源。

该实训装置采用挂件式设计，提供的PLC实训内容丰富，能锻炼学生的实际动手能力，使整个教学过程简单、明了、易懂、生动，适合高职院校、技工学校、职业培训学校、职教中心、鉴定站的机电技术应用、电气技术应用、可编程序控制器技术应用、电器及PLC控制技术应用的实训教学。

2. 装置组成

1) 控制屏

(1) 交流电源控制单元。

三相五线380 V交流电源经空气开关后给装置供电，电网电压表监控电网电压，设有带灯保险丝保护，控制屏的供电由急停按钮和启停开关控制，同时具有漏电告警指示及告警复位。

提供三相四线380 V、单相220 V电源各一组，由启停开关控制输出，并设有保险丝保护。

(2) 定时器（兼报警记录仪）。

定时器（兼报警记录仪），平时作时钟使用，具有设定时间、定时报警、切断电源等功能，还可以自动记录由于接线或操作错误所造成的漏电告警次数。

(3) 直流电源。

提供24 V/1 A DC、5 V/1 A DC各一路，带有自我保护及恢复功能。

(4) 数字量给定及指示单元。

提供钮子开关8只、高亮发光二极管8只（$\Phi 8$，共阳接法）、LED数码管1只、24 V DC继电器若干。以上输入给定及输出指示器的所有控制端均以弱电座的形式引至面板上，方便操作者搭建不同的控制系统。

(5) 模拟量给定及指示单元。

提供1路0~15 V DC可调输出、1路0~20 mA DC可调输出；可作为PLC模拟量实训给定值及其他控制信号使用。

提供1只直流电压表（量程0~200 V）、1只直流电流表（量程0~200 mA），用于指示各种模拟量信号。

2）主机实训组件

用户可根据需要配置附表 10-1 中的实训挂箱。

附表 10-1　可配置的实训挂箱

序号	编号	控制对象实训模块	实训教学目标
1	A10	抢答器/音乐喷泉	通过对抢答系统中各组人员抢答时序的监视和控制，掌握条件判断控制指令的编写方法； 通过对音乐喷泉控制系统中的"水流"及音乐的循环控制，掌握循环调用指令的编写方法
2	A11	装配流水线/十字路口交通灯	通过对"生产流水线"顺序加工过程及十字路口交通灯路况信号的控制，掌握顺序控制指令的编写方法
3	A12	水塔水位/天塔之光	通过对"水塔水位"和"储水池水位"变化过程的判断，了解简单逻辑控制指令的编写方法； 通过对天塔之光闪亮过程的移位控制，掌握移位寄存器指令的编写方法
4	A13	自动送料装车/四节传送带	通过对传送带启停、传送状态的控制和对货物在自动送料装车系统中流向、流量的控制，掌握较复杂逻辑控制指令的编写方法
5	A14	多种液体混合装置	通过对"液体混合装置"中不同液体比例及液体混合时搅拌时间的控制，掌握条件判断指令及各种不同类型的定时器指令的编写方法
6	A15	自动售货机	通过对用户投币数目的识别和自动售货机中各种"货物"的进出控制，掌握各种计数器指令及比较输出指令的编写方法
7	A16	自控轧钢机/邮件分拣机	通过对自控轧钢机和邮件分拣机的原材料（"钢锭""邮件"）来料数量、来料类别识别及对各种执行器（如"电动机"）启停时序的控制，掌握数值运算指令及中断指令的编写方法
8	A17	机械手控制/自控成型机	通过对机械手停留"位置"及自控成型机各方向"液缸位置"的控制，掌握一个完整工业应用系统中的较简单逻辑控制程序的编写能力
9	A18	加工中心	通过对加工中心中各方向"电动机"运行方向及"刀库"进出刀、换刀过程的控制，掌握一个完整工业应用系统中的较复杂逻辑控制程序的编写能力
10	A19	三层电梯控制	通过对一个完整的三层电梯模型的综合控制，初步掌握 PLC 控制系统的分析、I/O 地址分配、设计 PLC 接线图、接线、编程、调试等工作过程的综合知识

续表

序号	编号	控制对象实训模块	实训教学目标
11	A19-1	四层电梯控制	通过对一个完整的四层电梯模型的综合控制，初步掌握PLC控制系统的分析、I/O地址分配、设计PLC接线图、接线、编程、调试等工作过程的综合知识
12	A20	自动洗衣机/电镀生产线	通过对洗衣机进出水时间、洗涤流程及电镀生产线中物块浸入不同溶液的时间、方式、先后顺序的控制，掌握多点PLC控制系统的综合应用能力
13	B10	步进电动机/直线运动：（实物）步进电动机系统由驱动电路、步进电动机、刻度盘、指针等组成；直线运动系统由电动机、同步带、光电传感器、导轨、移动块等组成	通过利用PLC对步进电动机及直线运动实物模块的控制，初步了解步进电动机方向、拍数的控制及直线运动检测、定位控制
14	B11	直流电动机控制/温度控制（模拟量控制）	通过对直流电动机系统中脉冲信号采集、转速控制（电压量）及温度控制系统中的温度参数的控制，掌握高速计数器指令、模拟量处理指令、PID指令的使用
15	B20	典型电动机控制实操单元：3只施耐德交流接触器、1只时间继电器、3个按钮、3只交流指示灯	掌握一般强电系统的安装和调试工作过程知识，实现PLC方式的电动机典型运行控制；掌握安装和调试PLC电气控制系统的有关知识
16	B21	网孔板	学会电气控制系统中各元器件的布局规划、安装、调试过程知识
17	C10	变频器实训组件：配置三菱FR-S520变频器，带有RS485通信接口	初步具有综合应用变频器的能力，了解变频调速在实际中的应用，掌握变频器与PLC之间建立通信连接的方法
18	C21	触摸屏实训组件：5.7英寸STN256色	了解工业触摸屏的功能及使用方法，掌握工业触摸屏与PLC之间的通信知识，并掌握复位、置位、交替等功能键、图形（曲线）显示、动态画面跟踪在触摸屏中的实现方法

3）DD03-6电动机导轨、光码盘测速系统及数显转速表

包含光码盘测速系统（配有欧姆龙1024光电编码器）、数显转速表及固定电动机的不锈钢导轨等。在导轨面板上设有五位数显转速表，显示当前转速；具有电压反馈信号；同时设有光电编码信号输出，包括A、B两个通道。

4）三相鼠笼异步电动机

WDJ26 交流380 V/△。

5）实训桌

实训桌为铁质双层亚光密纹喷塑结构，桌面为防火、防水、耐磨高密度板，设有一个大抽屉（带锁），用于放置工具及资料。

3. 技术性能

输入电源：三相五线~380（1±10%）V，50 Hz。

工作环境：温度-10~40 ℃，相对湿度<85%（25 ℃），海拔<4 000 m。

装置容量：<1 000 V·A。

质　　量：100 kg。

外形尺寸：170 cm×75 cm×162 cm。

安全保护：具有漏电压、漏电流保护装置，安全符合国家标准。

4. 使用说明

1）装置的启动、交流电源控制

（1）将装置后侧的四芯电源插头插入三相交流电源插座。

（2）打开电源控制屏的总电源开关，定时器（兼报警记录仪）得电，控制屏旁边的单相三孔插座、三相四孔插座得电。

（3）打开电源控制屏的电源总开关，三相电源线电压表指示电网电压（电网电压正常时U相、V相、W相电压显示范围380（1±10%）V），同时控制屏的右面板得电。

（4）按下电源控制屏的启动按钮，三相交流输出U1、V1、W1得电。

2）继电器

提供4只透明直流继电器，线圈驱动电压为直流24 V。"KA1""KA2""KA3""KA4"分别为4个继电器的控制端。继电器线圈的另一端短接到公共端"V+/COM"。

3）信号转换接口

提供16组端子排，端子排的一端分别接1~16号弱电座。

4）直流数字电压/电流表

打开直流数字电压/电流表电源开关，将直流数字电压表并联到被测电路中，直流数字电压表显示被测电压。将直流数字电流表串接到被测电路中，直流数字电流表显示被测电流。

5）直流可调电源

打开直流可调电源的开关，调节0~15 V电压源电位器，可输出0~15 V电压；调节0~20 mA电流源电位器，可输出0~20 mA电流。

6）八音盒

将八音盒的0~7端口分别连接GND，可以发出8种不同的声音/音乐，见附表10-2。

附表10-2　八音盒的端口及对应的声音/音乐

八音盒端口	声音/音乐	八音盒端口	声音/音乐
0	友谊天长地久	4	警车
1	梁祝	5	救护车
2	兰花草	6	叮咚
3	小草	7	嘀嘀

相应的实训项目声效功能可按附表10-3接线。

附表 10-3　八音盒实训项目接线

实训项目	挂箱面板/PLC 端口	八音盒端口	备注
抢答器控制	SD	7	
音乐喷泉控制	SD	0	
十字路口交通灯控制	东西灯 G	4	
	南北灯 G	5	
自动售货机控制	ZL	3	
自动洗衣机控制	BJ	7	

7）LED 数码显示

LED 数码显示包括八段码显示和方向指示。八段码显示部分带有译码电路，按 8421 编码规则输入不同信号，数码管将显示 0~9，将数码显示部分的 GND 接到 DC 电源的 GND，+5 V 接到直流电源的 +5 V，数码管显示 0。

8）主机模块

本装置采用的是日本三菱 FX 系列可编程序控制器（用户可根据需要自行配置）。主机的所有端子已经引到面板上。在本装置中，数字量输入公共端连接主机模块电源的"+24"时，输入端是高电平有效；数字量输出公共端连接主机模块电源的"GND"时，输出端输出的是低电平。

9）实训挂箱

本装置可以将实训挂箱挂置在控制屏型材导槽内，挂件的供电全部由外部提供。线路采用定制的锁紧叠插线进行连线或用硬线连接。

10）网络通信（用户可根据需要自行配置）

FX 系列可编程序控制器具有强大的通信功能，可以实现计算机与 PLC、PLC 与 PLC 之间 1:N 通信或 PLC 与 PLC 之间 N:N 通信，也可以实现 PLC 与变频器、PLC 与触摸屏通信。

参 考 文 献

[1] 牛云陞. 可编程控制技术应用于实战（三菱）[M]. 北京：北京邮电大学出版社，2014.

[2] 范次猛. PLC编程与应用技术：三菱[M]. 武汉：华中科技大学出版社，2012.

[3] 李金诚. 三菱FX2NPLC功能指令应用详解[M]. 北京：电子工业出版社，2011.

[4] 黄中玉. PLC应用技术[M]. 北京：人民邮电出版社，2009.

[5] 杨后川，张春平. 三菱PLC应用100例（第3版）[M]. 北京：电子工业出版社，2017.

[6] 毛臣健. 可编程序控制器应用技术及项目训练[M]. 成都：西南交通大学出版社，2009.

[7] 金彦平. 可编程序控制器及应用：三菱[M]. 北京：机械工业出版社，2010.